ELEMENS DE GEOMETRIE,

OU

PAR UNE METHODE COURTE & aisée l'on peut apprendre ce qu'il faut sçavoir d'Euclide, d'Archimede, d'Appollonius, & les plus belles inventions des anciens & des nouveaux Geometres.

Par le P. IGNACE GASTON PARDIES, *de la Compagnie de* JESUS.

A PARIS,
Chez SEBASTIEN MABRE-CRAMOISY, Imprimeur du Roy.

M. DC. LXXI.
Avec Privilege de sa Majesté.

A MESSIEURS DE L'ACADEMIE ROYALE.

ESSIEURS,

Mon dessein n'est pas seulement de vous dedier cét Ouvrage, comme à de puissans protecteurs ; mais c'est de vous le presenter comme à des Iuges Souve-

rains. Il est vray qu'en France nous n'avons pas de cette sorte de judicature que l'on voit à la Chine, où vne Cour composée de sçavans Mathematiciens, juge en dernier ressort de tout ce qui regarde les Mathematiques, qui sont en ce païs-là vne des plus importantes affaires de l'Estat. Si les loix du Royaume ne vous ont point donné cette jurisdiction, vous l'avez, MESSIEURS, *par vostre propre merite ; & à considerer les personnes qui composent vostre Societé, nous pouvons dire que ce n'est pas seulement vne assemblée de ce qu'il y a de plus habiles hommes en Europe ; mais que c'est vne Cour souveraine, dont les jugemens peuvent passer pour autant d'Arrests parmi les sçavans. Que peut-on dire, quand on voit ce grand edifice qui s'éleve avec tant de magnificence ? sinon que c'est vn Palais qu'on bastit pour vn nouveau Tribunal, & que le Roy qui surpasse les Empereurs Chinois dans la structure de ce bastiment, veut peut-estre imiter leu* olitique dans l'erection de cette nouelle Compagnie? Vous sçavez, Mesieurs, que le Tribunal des Matheathiques de la Chine tient ordinaireent son siege dans deux fameux Obseratoires qui sont tout aprés des deux illes Imperiales. Ceux qui nous en ont 't la description nous disent qu'on ne oit rien en Europe de comparable, soit ur la magnificence du lieu, soit pour grandeur des machines de bronze qui nt faites depuis sept cens ans, & qui ant exposées depuis plusieurs siecles r les plate-formes de ces grandes urs, sont encore aussi entieres & aussi ettes, que si elles ne faisoient que de rtir de la fonte. Les divisions en sont es-exactes, la disposition tres-propre à server, tout l'ouvrage tres-delicat; en n mot il sembloit que la Chine insultit à toutes les autres nations, comme avec toute leur science & avec toutes urs richesses elles ne pouvoient produie rien de semblable. Il faloit vn Roy *comme le nostre pour reparer l'honneur de l'Europe, & il faloit des personnes comme vous,* MESSIEURS, *pour employer si à propos la magnificence d'vn si grand Prince, & pour faire connoistre à toute la terre que la France, sous la conduite de nos Ministres, sçait porter les choses audelà de tout ce que peuvent entreprendre toutes les autres nations du monde. Ce ne sont pas seulement les murailles de ce superbe edifice qui me font parler de la sorte; ceux qui aiment les lettres auront encore plus de sujet de benir le gouvernement present, quand on verra executer ces grands desseins que vous m'avez fait l'honneur de me communiquer. Et certainement l'application avec laquelle vous vous occupez continuellement à faire des experiences de Physique, à polir les Arts, à enrichir les Mathematiques de vos nouvelles découvertes, feront voir bien-tost que jamais les Arts & ces belles sciences n'ont esté au point de perfection où vous les allez* mettre. Ie ne compte pas ici les desseins articuliers que plusieurs de vous ont bien avancez touchant l'Architecture, les cartes de Geographie, la connoissance des Plantes, l'Anatomie, le Mouvement, l'Optique & l'Astronomie. Ie ne ompte pas non plus cette belle Observaion qui va paroistre en public touchant a grandeur de la Terre. A juger par 'excellence des instrumens dont l'Auteur 'est servi, par son industrie à les maier, par la justesse de toutes ses operaions, & par la connoissance parfaite qu'il de la Geometrie, on est déja tres-peruadé que ce doit estre vn ouvrage acompli. Tout cela, MESSIEURS, & lusieurs autres choses que je passe, font oir que vous estes en effet nos Iuges, que vous avez droit de prononcer sur os sciences. Agreez donc cét aveu public que je fais, & puisque l'integrité es Iuges les plus severes ne nous emesche pas de les solliciter quelquefois, ouffrez qu'en vous presentant cét Ou-

rage, je vous le recommande, & que our vous porter à le traiter favorablement, je vous assure qu'il vient d'une ersonne qui a pour vous tout le respect imaginable : C'est,

MESSIEURS,

Vostre tres-humble & tres-obeïssant serviteur, PARDIES.

PREFACE.

CEux qui compareront la petiteſſe de cét Ouvrage avec la grandeur de ſon itre, ſeront peut-eſtre d'abord rebutez par a diſproportion qui paroiſt entre l'vn & 'autre; & il y a ſujet de craindre qu'ils e prennent toutes ces promeſſes ſi exraordinaires, que pour des expreſſions rop hardies d'vne perſonne qui s'engage iſément à faire ce qu'elle ne ſçauroit executer: mais je les ſupplie de vouloir vn peu uſpendre leur jugement, & de conſiderer u'on ne donne ici que la moitié de ces lemens, & que des ſeize livres qu'ils doient contenir, on n'en publie maintenant ue neuf, parce que les autres expliquant e qu'il y a de plus profond & de plus reevé dans les inventions extraordinaires de a Geometrie, ne font pas ſi neceſſaires à eux qui veulent commencer à apprendre ette ſcience. Cependant dans ces preiers livres, on ne laiſſe pas de traiter ce qu'il y a de beau dans les quinze livres d'Euclide, & outre cela, ce qu'Archimede a demonſtré de la quadrature du cercle, les Lunes d'Hippocrate, les Logarithmes, les Sinus, & quelques autres choſes de cette nature. On y verra les proprietez merveilleuſes des nombres qu'Euclide a demonſtrées dans le ſeptiéme, le huitiéme & le neufiéme de ſes Elemens. On y apprendra la demonſtration des *Grandeurs incommenſurables*, qui eſt peut-eſtre l'effort le plus grand dont l'eſprit humain ſoit capable, puiſqu'allant foüiller juſques dans la poſſibilité des choſes, il découvre avec tant de clarté ce qui eſt & ce qui n'eſt pas; & que dans la multitude infinie des comparaiſons qu'il regarde toutes comme poſſibles entre deux grandeurs, il demonſtre avec vne aſſurance inébranlable, que Dieu meſme n'en voit pas vne capable de fournir vne cõmune meſure de ces deux grandeurs. Mais ſi cette demonſtration eſt belle, il faut avoüer qu'elle eſt bien difficile: ceux à qui nous avons l'obligation d'vne ſi grande découverte, ne nous ont point montré d'autre route que celle qu'ils ont tenuë eux-meſmes, ſoit qu'en effet ils n'en ayent point connu d'autre, ſoit qu'ils ayent voulu par là nous faire experimenter vne partie de leur peine,

& nous faire goûter en mesme temps avec d'autant plus de plaisir les delices de ce nouveau monde, que nous aurons eu plus de peine à y parvenir. Quoy qu'il en soit, ce chemin est si long & si plein de difficultez, qu'il se trouve fort peu de personnes qui ayent ou assez de constance pour en supporter l'ennui, ou assez de force pour en surmonter la fatigue. Je ne sçay si j'oseray dire que j'ay esté assez heureux pour découvrir vne nouvelle route. Ce ne seroit pas vne fort grande loüange pour moy: vn matelot aventurier est quelquefois plus heureux à faire quelque nouvelle découverte, que le plus sage pilote ; & le hasard fait trouver mesme dans la tempeste, ce qu'on n'auroit sceu découvrir avec toute la connoissance que l'on pourroit avoir de la marine. Il se pourroit faire aussi que courant comme j'ay fait ces vastes mers de la Geometrie, le hasard m'auroit fait rencontrer vne route nouvelle & inconnuë aux grands hommes qui m'ont precedé. Je ne pretends pas neantmoins m'attribuër cette bonne fortune ; mais je puis bien dire du moins que la route que je tiens pour aller aux Incommensurables est tres-courte & tres-aisée, & que pour peu d'attention que l'on veüille apporter à la lecture de quatre ou cinq petites pages, on comprendra parfaitement vne chose que tres-peu de personnes, mesme de ceux qui se meslent de Geometrie, sont capables d'entendre.

Aprés cela je traite de diverses sortes de progressions, & j'insiste particulierement sur les deux plus celebres, qui sont la Geometrique & l'Arithmetique, & les comparant l'vne avec l'autre, je traite des Logarithmes, & j'en fais voir l'artifice par le moyen d'vne ligne geometrique qui sera tres-vtile pour la resolution des problemes d'Algebre de toute sorte de dimensions. C'est cette ligne avec laquelle j'ay quarré autrefois l'Hyperbole; & ce qu'vn de mes amis m'a fait voir depuis peu dans le sçavant journal d'Angleterre touchant ce qui a esté publié sur cette matiere par de tres-sçavans Geometres, ne m'a point surpris, & mesme cela m'a fait penser que ces Messieurs n'avoient pas voulu nous communiquer tout ce qu'on pourroit dire sur ce sujet. Je finis cette premiere partie par la pratique de la Geometrie; ce qui devroit faire le dernier livre de tous ces Elemens. Outre les operations les plus faciles & les plus communes, j'y donne les principes pour mesurer les grandeurs & les distances des lieux inaccessibles, pour faire la carte d'vne place ou d'vne Province, pour trouver les sinus, les tangentes, & les secantes de tous les angles; & enfin pour avoir la connoissance de tout ce qui appartient à cette partie que l'on appelle la Geometrie pratique.

Aprés cela je donneray dans tout autant de livres, l'Algebre, les Sections Coniques, les Spheriques, & la Statique; mais sur tout j'établiray cinq ou six règles generales, desquelles ensuite, comme par des corollaires, on tire la demonstration d'vne infinité de propositions qui passent pour grandes dans la Geometrie. C'est là qu'on trouvera la nature & la mesure des espaces asymptotiques, dont la connoissance est la chose du monde la plus admirable, & qui fait voir le plus clairement la grandeur & la spiritualité de nostre ame, puisque par la seule lumiere de son esprit, penetrant au delà de l'infini, elle découvre si clairement des choses que nulle experience sensible ne luy peut apprendre, & qu'aucune puissance corporelle ne sçauroit seulement appercevoir. Ces espaces sont d'vne étenduë actuellement infinie compris entre deux lignes, qui estant prolongées à l'infini ne se rencontrent jamais ; d'où leur vient le nom d'Asymptotes. Cependant on demonstre que ces espaces infinis en longueur, sont neantmoins égaux à vn cercle ou à vne autre figure determinée : de sorte que l'Infini mesme, tout immense & tout innombrable qu'il est, se reduit neantmoins au calcul & à la mesure de la Geometrie, & que nostre esprit, encore plus grand que luy, est capable de le comprendre. De toutes les connoissances naturelles que l'homme peut acquerir par son propre raisonnement, sans doute la plus admirable est cette comprehension de l'infini : & je ne voy rien de plus propre à nous convaincre de l'existence de nostre ame, & à nous faire reconnoistre qu'outre la faculté materielle que nous avons d'imaginer par le moyen des organes, nous en avons vne toute spirituelle pour penser & pour raisonner, que le plus grand de tous les Philosophes appelle *vne puissance indépendante des organes, separée de la matiere, & venant d'ailleurs que du corps.* En effet quelque effort que nous fassions pour imaginer l'infini, nous n'en viendrons jamais à bout, & tandis que nous nous en tiendrons à la seule imagination, nous pourrons bien nous figurer vn eſpace d'vne vaſte étenduë ; mais il ſera toûjours borné : parce que l'imagination, eſtant, à proprement parler, vne puiſſance corporelle, qui ne nous repreſente rien que par des fantoſmes & par des images ſenſibles, doit eſtre elle-meſme comme le corps, bornée dans ſes repreſentations. Et comme vn tableau ne ſçauroit repreſenter à nos yeux vne étenduë actuellement infinie, à cauſe que ce qui eſt borné dans vn certain eſpace ne peut contenir ce qui n'a point de bornes : auſſi l'imagination n'eſtant qu'vn tableau qui nous repreſente des images à la verité bien ſubtiles, mais toûjours materielles, ne ſçauroit nous faire voir que des choſes corporelles & limitées, toute l'immenſité de l'infini ne pouvant eſtre contenuë dans les bornes d'vne peinture corporelle. L'imagination ne peut donc atteindre juſques là, que de nous repreſenter l'infini. Mais d'ailleurs la demonſtration que nous faiſons de la nature & des proprietez de cette immenſe & infinie étenduë aſymptotique, nous convainc également que nous avons dans nous vne faculté capable de nous repreſenter cette étenduë infinie. Car comme afin de meſurer avec la regle & le compas vne figure repreſentée ſur du papier, il faut que j'aye cette figure preſente à mes yeux & à ma main, afin qu'appliquant l'inſtrument à ſes angles & à ſes coſtez, je puiſſe en prendre toutes les dimenſions, & en determiner ainſi la grandeur; de meſme afin que par la regle de ma raiſon je prenne les meſures de cét eſpace aſymptotique, il faut que j'en aye vne idée intimement preſente à mon eſprit, & que ce meſme eſprit s'appliquant, pour ainſi dire, à cette idée & à cette figure interieure, il en prenne les dimenſions, en determine la grandeur, & en demonſtre toutes les proprietez. Il faut donc reconnoiſtre que nous avons en nous des idées & des repreſentations claires & diſtinctes d'vne étenduë infinie; & que par conſequent cette faculté qui nous repreſente ainſi ce que nul corps ne peut repreſenter, eſt vne puiſſance purement ſpirituelle & diſtincte de la matiere: de ſorte que la Geometrie par vne ſeule demonſtration prouve également vne des plus admirables proprietez de la nature, & en meſme temps vne des deux plus importantes veritez de la Morale.

Oſeray-je paſſer encore plus avant, & dire que dans cette meſme demonſtration on trouve auſſi la preuve invincible de l'exiſtence de Dieu. Je ſçay que la nature divine eſt vn abyſme de lumiere qui ſe répand par tout, & qui ſe fait ſentir aux eſprits les plus aveugles & les plus ſtupides : mais je ſçay auſſi juſqu'à quel point eſt allée l'impieté des libertins, qui ne pouvant reſiſter à leurs propres convictions, ni ſe répondre à eux-meſmes, taſchent d'éluder au dehors les demonſtrations des autres, en ſe retranchant dans l'embarras de l'eternité ; & ils penſent eſtre fort à couvert dans cette multitude infinie de cauſes dépendantes, & trouver toûjours lieu de fuïr dans la ſuite eternelle de diverſes productions. Mais la Geometrie par vn exemple manifeſte des aſymptotes demonſtre invinciblement, que meſme dans cette pretenduë ſuite des cauſes ſubordonnées & dépendantes les vnes des autres à l'infini, il faut neceſſairement en venir à vne premiere nature, qui concourant avec toutes ces cauſes particulieres, & correſpondant à tous les temps, ſoit elle-meſme infinie & eternelle, & qui ne produiſant toute ſeule aucune de ces cauſes ſans le concours & ſans la determination des autres, ſoit neantmoins la cauſe generale qui produit & qui conſerve toutes choſes.

Peut-eſtre aprés tout, qu'on penſera que je mets ici les choſes en abregé ſeulement, & que cette Geometrie pourra bien ſervir de memoires à ceux qui ſçauront déja cette ſcience: mais non pas d'inſtruction à ceux qui la veulent apprendre. Je declare que cela eſt bien éloigné de mon intention, qui n'a jamais eſté de faire vn abregé: j'ay toûjours pretendu faire vne Geometrie qui puſt ſervir à ceux qui commencent, & où ceux meſme qui n'ont jamais oüi parler de Mathematiques, puiſſent apprendre en fort peu de temps, non ſeulement ce qui eſt le plus neceſſaire dans la Geometrie, mais encore ce qu'il y a de plus relevé. Je ſçay qu'en cette matiere les livres les plus courts ne ſont pas toûjours les plus clairs: & parmi le grand nombre de ceux qui ont voulu nous faciliter la lecture & l'intelligence d'Euclide, pluſieurs en ont bien amoindri le volume; mais tous n'ont pas pour cela accourci le temps qu'il faut pour le comprendre. Entre tous les commentateurs, le plus long, à mon avis, eſt Clavius, & le Pere Fournier eſt le plus court; je ſuis neantmoins perſuadé qu'il faut plus de temps pour entendre paſſablement Euclide dans le Pere Fournier, que pour le comprendre dans Clavius: tant il eſt vray que dans la Geometrie on ne doit pas mesurer le temps de l'étude par la grandeur ou la petitesse du volume. Ainsi dans le dessein que j'ay eu de donner le moyen d'apprendre cette science avec le plus de facilité qu'il me seroit possible, je ne me suis pas tant étudié à estre court dans les écrits, qu'à me rendre intelligible dans la façon de proceder; & si ce volume paroist fort petit, cela ne vient pas tant de la brieveté des demonstrations particulieres, que de la facilité de la methode generale. Car il faut remarquer qu'vne des choses qui rendent difficile & ennuyeuse la lecture d'Euclide & des auteurs ordinaires, c'est que dans l'exactitude rigoureuse qu'ils ont de ne laisser passer sans demonstration rien de ce qui se peut demonstrer, pour facile qu'il paroisse d'ailleurs, il arrive souvent que ce qui eust esté clair, si on se fust contenté de le proposer à l'esprit, tel qu'il paroist naturellement, devient difficile & embarrassé lorsqu'on veut le reduire à vne demonstration reguliere. De plus, il se trouve souvent que pour demonstrer vne proposition importante, Euclide employe vne tres-grande suite de propositions, qui ne servent proprement à rien qu'à prouver cette principale proposition. Si donc par la seule exposition on vient a faire appercevoir la verité, sans se mettre en peine de demonstrer ce de quoy on est pleinement convaincu, & sans employer des discours qui ne semblent servir qu'à nous faire desapprendre ce que nous ne sçaurions ignorer, on s'épargnera bien de la peine. De mesme, si l'on peut tout d'vn coup demonstrer ces propositions capitales & importantes d'Euclide, sans employer cette longue suite de demonstrations, & sans tant de preparatifs, on aura sans doute le moyen de retrancher bien des choses inutiles: c'est ce que je pense avoir fait en plusieurs endroits, demonstrant dans vne seule proposition ce qui n'est ordinairement prouvé que par cette suite ennuyeuse d'autres propositions. Un autre moyen d'abreger dont je me suis servi, c'est de reduire les choses sous de certains principes generaux; ce que j'ay fait non seulement dans ce livre, où par cinq ou six regles vniverselles je demonstre vne infinité de grandes propositions; mais aussi en beaucoup d'autres endroits, comme lorsque traitant des Sections Coniques je demonstre les proprietez des quatre par quelqu'vne des proprietez qui est particuliere à vne seule section. Par exemple, les considerant toutes sous les proprietez de l'Ellipſe, je dis que le Cercle eſt vne ellipſe dont les deux foyers ſe touchent : que la Parabole eſt vne ellipſe dont les deux foyers ſont infiniment éloignez l'vn de l'autre : & que l'Hyperbole eſt vne ellipſe dont les foyers ſont plus qu'infiniment éloignez ; ce qui a vn fort bon ſens, comme je l'explique en cét endroit.

Quelqu'vn ſans doute trouvera mauvais que j'aye laiſſé la methode ordinaire de ranger les definitions, les principes & les propoſitions ; & il croira peut-eſtre que je fais tort à la Geometrie de luy oſter ce qui l'a toûjours fait paſſer pour la ſcience la plus exacte. Un autre me reprochera que j'ay encore gardé quelques vieilles façons de demonſtrer, aprés que les modernes par cette politeſſe ſi propre au temps où nous ſommes, ont donné des demonſtrations bien *plus naturelles*, & ont fait voir la difference qu'il y a entre *éclairer l'eſprit, & le convaincre*. On me dira encore que je me ſuis negligé en beaucoup de choſes ; que j'ay avancé pluſieurs propoſitions ſans les demonſtrer ; que je cite ſouvent des endroits qui ne prouvent pas directement ce qui eſt en queſtion ; que je me ſers indifferemment de la *Converſe*, & de la propoſition meſme,

A tout cela je réponds en vn mot, que dans le dessein que j'avois d'enseigner la Geometrie avec toute la facilité possible, la voye que j'ay suivie m'a semblé la plus propre: ce qui ne mempeschera pas neantmoins de profiter des avis que les personnes intelligentes auront la bonté de me donner.

Cependant je m'apperçois que faisant profession d'estre fort court dans cét ouvrage, je suis excessivement long dans la Preface. Ainsi je ne m'arreste pas à faire voir les grands avantages de la Geometrie; je dis seulement que si jamais elle a esté de quelque vtilité dans l'étude des sciences naturelles, & dans la pratique des arts, elle est maintenant de la derniere necessité pour l'vn & pour l'autre. On sçait à quel point on a porté dans nostre siecle la perfection des arts, & avec quelle penetration l'on va approfondir les matieres les plus cachées de la Physique. De la façon qu'on s'y prend aujourd'huy, la Geometrie est necessaire aussi bien que la Mechanique, qui n'est qu'vne Geometrie appliquée au mouvement local, & ceux qui ont maintenant le plus de vogue sont inintelligibles si l'on n'a ces deux connoissances. Pour ce qui est de la Mechanique, j'en ay donné vne partie des Elemens dans vn diſcours du Mouvement local, que je ne dois pas avoir honte d'avouër pour mien; & j'eſpere qu'avec ce que je publie maintenant dans ce livre de Geometrie, on aura deux grands moyens d'entendre la Phyſique de ce temps, & d'en bien juger; & peut-eſtre trouvera-t-on que ceux qui ont la reputation d'avoir établi leur Philoſophie ſur les fondemens de la Geometrie & des Mechaniques, ne ſont pas toûjours inébranlables; & que cela meſme qui a ſervi à faire valoir leur doctrine, ſervira à faire connoiſtre leurs erreurs. Je veux encore avertir le Lecteur, que je ne pretends nullement vouloir paſſer pour Auteur de ce que je donne dans cét ouvrage, j'ay pris de tous coſtez ce qui m'a agreé: & ſi quelqu'vn y trouve quelque choſe qu'il penſe eſtre de ſon invention ou de quelque autre, qu'il le prenne hardiment, & qu'il l'attribuë à ſon Auteur, j'y conſens volontiers, & je ne le luy conteſteray point. Que ſi par hazard il y rencontre quelque choſe qui ne ſe trouve point ailleurs, & qu'il veüille me l'attribuër; alors je le reconnoiſtray pour mien, de peur qu'il ne ſoit à perſonne.

AVIS A CEUX QUI VEULENT apprendre la Geometrie.

IL faut s'accoûtumer à considerer les figures en mesme temps qu'on lit. On y a de la peine au commencement ; mais on y est rompu dans deux ou trois jours.

Il ne faut point se rebuter si l'on trouve des choses qu'on ne comprend pas d'abord ; la Geometrie ne s'apprend pas aussi aisément qu'une histoire.

Si aprés avoir leu avec attention une proposition, on ne l'entend pas, il faut passer outre ; on l'entendra peut-estre dans la suite, ou du moins lorsqu'aprés avoir tout parcouru, on recommencera à lire tout de nouveau. En fait de Geometrie on ne comprend jamais bien les choses à la premiere lecture.

Les nombres qui se trouvent entre des parentheses, comme par exemple, (3.24.) marquent que ce qu'on dit en cét endroit est prouvé ailleurs, sçavoir ici au troisiéme livre à l'article vingt-quatriéme: de sorte que le premier chifre marque le livre, & les autres marquent l'article ; & il faut aller consulter ces articles-là pour sçavoir la preuve de ce qu'on lit.

Quand on trouve des mots qu'on n'entend pas, il faut consulter la table qui est à la fin.

Il est bon d'avoir un maistre au commencement qui explique ces demonstrations, & par ce moyen on apprend beaucoup plus aisément qu'on ne feroit de soy-mesme en lisant.

Si l'on veut se donner la peine de venir au College de Clairmont, l'Auteur de ces Elemens les y expliquera publiquement aprés la S. Remy.

EL

ELEMENS DE GEOMETRIE.

LIVRE PREMIER.

Des Lignes, & des Angles.

1. AR le nom de *Quantité* nous entendons vne choſe, qui eſtant comparée à vne autre de meſme nature, peut eſtre appellée plus grande, ou plus petite, égale, ou inégale, comme ſont l'Etenduë, le Nombre, la Peſanteur, le Temps, le Mouvement : Et toutes ces choſes en tant qu'elles ſe peuvent ainſi comparer ſuivant le plus ou le moins, ſont l'objet de la Geometrie.

2. On s'arreſte neanmoins á conſiderer particulierement l'Etenduë, comme celle qui peut ſervir d'exemple & de regle à meſurer toutes les autres Quantitez.

3. La Quantité qui a de l'étenduë ſeulement en longueur, ſans aucune profondeur, s'appelle *Ligne* : celle qui eſt étenduë en longueur & en

largeur, s'appelle *Surface* ou *Superficie* : celle qui a de la longueur, de la largeur, & de la profondeur, s'appelle *Corps* ou *Solide*.

4. Le *Point* est vn endroit de la Quantité, lequel on considere comme s'il n'avoit aucune étenduë, & qu'il fust indivisible de tous costez : ainsi les extremitez, ou le milieu d'vne ligne, sont des Points.

5. Il y a des lignes *Droites*, & des lignes *Courbes* : de mesme il y a des surfaces *Planes*, qui s'appellent *des Plans* : & des surfaces *Courbes*, qui sont *Convexes* en dehors, comme le dessus d'vne voute, & *Concaves* en dedans, comme le dessous d'vne voute.

6. Lorsque deux lignes se touchent en vn point, & vont ensuite en s'éloignant l'vne de l'autre, il se fait entre ces lignes vn *Angle*, qui s'appelle *Rectiligne* quand les deux lignes sont droites, *a* : *Curviligne* quand elles sont courbes, *b* : & *Mixte* quand l'vne est courbe, & l'autre droite, *c*.

7. L'angle est dit estre d'autant plus petit que les lignes qui le font, sont plus inclinées l'vne vers l'autre. Prenez deux lignes *ab* & *ac*, qui se touchent en *a* : si vous imaginez que ces deux lignes s'ouvrent comme vn compas, en sorte qu'elles demeurent toûjours attachées en *a* comme par le clou du compas, tandis que l'extremité *c* s'écarte de l'extremité *b* ; alors vous concevrez que plus ces extremitez s'éloigneront mutuellement, plus aussi se fera grand

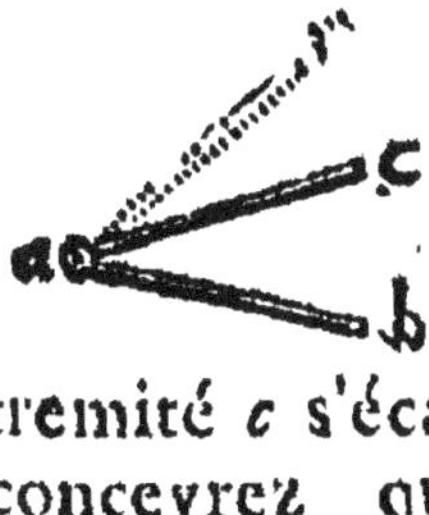

l'angle qui eſt entre deux : & au contraire ſi vous approchez davantage ces extremitez , vous ferez que les lignes ſeront plus inclinées, ou plus panchées l'vne vers l'autre , & l'angle en ſera plus petit.

8. Il faut donc bien remarquer que la grandeur des angles ſe meſure, non par la longueur des lignes qui le font ; mais par leur inclination. Par exemple l'angle *b* eſt plus grand que l'angle *a*, quoi-que les lignes de *b* ſoient plus courtes : parce qu'elles ne ſont pas ſi inclinées l'vne vers l'autre , que le ſont les lignes de l'angle *a* ; & pour le comprendre on n'a qu'à s'imaginer que l'angle *b* eſt poſé ſur l'angle *a* , comme on le voit par les lignes ponctuées , qui repreſentent l'angle *b*. Car pour lors on verra que l'angle *b* contiendra aiſément au dedans de ſoy l'angle *a* , & que les lignes d'*a* ſeront bien plus inclinées l'vne vers l'autre , que ne le ſont les lignes de *b* ; & qu'ainſi enfin l'angle *a* eſt plus petit.

9. L'angle ſe deſigne ordinairement par trois lettres dont celle du milieu marque le point où les deux lignes ſe touchent, comme à l'article 7. *b a c* marque l'angle fait par les deux lignes *b a* & *c a* , en ſorte que *a* eſt le point commun où les lignes ſe touchent.

10. Si nous imaginons vne ligne *ab* attachée par le bout *a* au milieu de la ligne *d c*, & que de plus nous faſſions mouvoir cette ligne autour du point *a* ; quand elle ſera revenuë au lieu d'où elle avoit

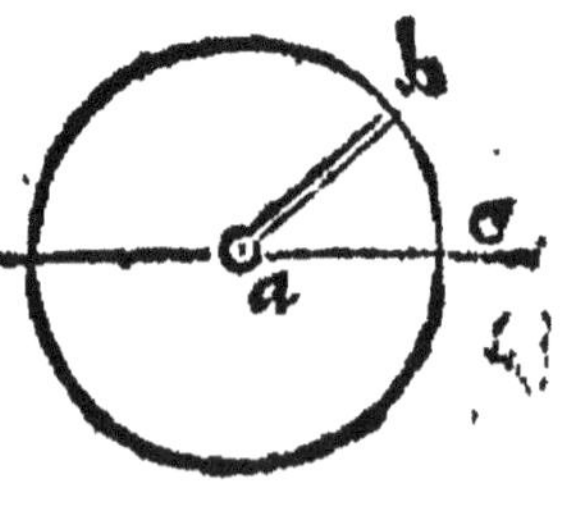

commencé à se mouvoir, l'extremité *b* aura décrit vne ligne courbe qui s'appelle *Cercle*, ou plûtost *Circonference* de cercle : car à proprement parler, le *Cercle* est tout l'espace renfermé dans cette circonference.

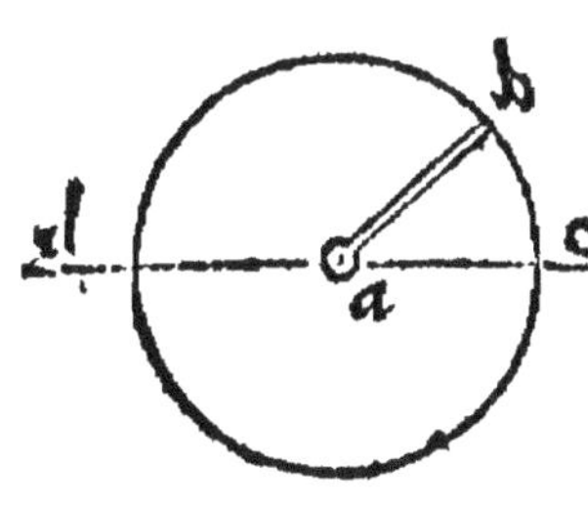

11. Une partie de la circonference s'appelle *Arc*, comme *cb*.

12. La ligne *d c* terminée par la circonference, s'appelle *Diametre*, qui partage le cercle en deux également, ce qui n'a pas besoin de preuve. Aussi toute ligne droite qui sera tirée par le centre, partagera le cercle en deux parties égales, & sera aussi vn autre diametre.

13. La ligne *a b* s'appelle *Rayon*, ou *Demidiametre*.

14. Tous les rayons ou demidiametres sont égaux, puisque c'est la mesme ligne *a b* qui se meut.

15. Quand l'extremité *B* est également éloignée des deux extremitez du diametre *c* & *d*, c'est à dire, quand *B* se trouve au milieu de la demi-circonference ; alors cette ligne *B a* fait deux angles, qu'on appelle *Droits*, qui sont égaux de part & d'autre, l'vn *B a c*, & l'autre *B a d*. Et si la ligne *B a* est prolongée au delà vers *e*, elle fera quatre angles droits, & elle sera vn nouveau diametre, qui avec le premier partagera le cercle en quatre parties égales.

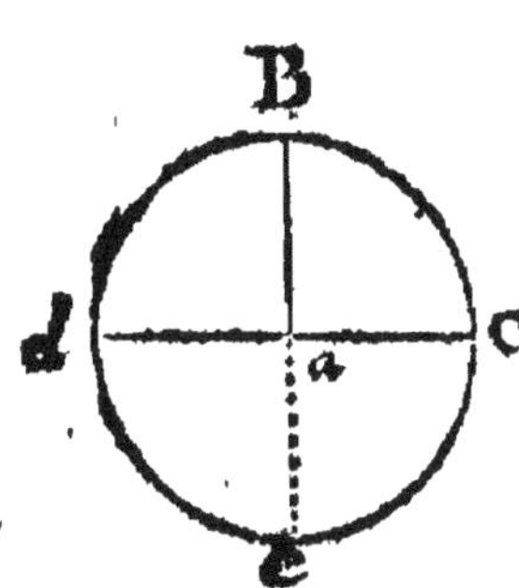

16. Alors les lignes sont dites *Perpendiculaires*

l'vne à l'autre, *B a* à *d c*, & *d a* à *B e*.

17. Mais si *b* est plus proche de l'vne des extremitez du diametre que de l'autre; alors cette ligne est dite *Oblique*, & fait de part & d'autre deux angles inégaux, dont le plus petit s'appelle *Aigu*, *b a c*, & le plus grand s'appelle *Obtus*, *b a d*. Que si la ligne *b a* est prolongée jusqu'à *e*, elle sera n nouveau diametre, & fera n dessous deux nouveaux angles : de sorte qu'il y aura en out quatre angles, desquels on ppelle *Opposez* les deux qui se touchent seulenent de la pointe, comme *b a c*, & *e a d*, ou bien *b a d*, & *c a e* : mais ceux qui ont vn osté commun, s'appellent *Angles de suite*, comme *d a b*, & *b a c*, ou bien *b a c*, & *c a e*, &c.

18. Les angles qui prennent des arcs égaux, ont aussi égaux. Comme si l'on prouve que l'arc *b* est égal à l'arc *e d*, on aura aussi prouvé que 'angle *c a b* est égal à l'angle *e a d*.

19. Ces deux angles qui sont de suite, pris ensemble, sont toûjours égaux à deux droits. Car omme la ligne *d c* est diametre, & qu'elle coupe le cercle en deux également, les deux arcs *b* & *b d* pris ensemble, seront égaux à la demi-circonference. Ainsi les deux angles *c a b* *b a d* pris ensemble, seront égaux à deux roits, puisqu'ils remplissent le demi-cercle, omme les deux droits.

20. Ainsi cette proposition est enerale, qu'vne ligne droite tomant sur vne autre ligne droite, ait les deux angles *de suite* ou roits, ou égaux à deux droits.

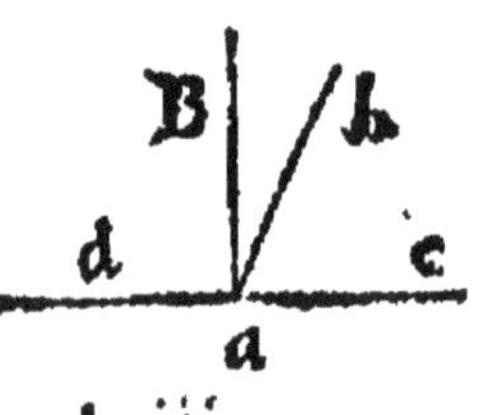

Car si les lignes sont perpendiculaires, comme *B a* sur *d a c*, les angles sont droits de part & d'autre. (15.) Que si la ligne est oblique, comme *b a* sur la mesme *d c*, alors les angles sont bien inégaux ; mais de tout autant que l'obtus surpasse vn droit, de tout autant aussi l'aigu est surpassé par vn autre droit. Ainsi la petitesse de l'vn est recompensée par la grandeur de l'autre.

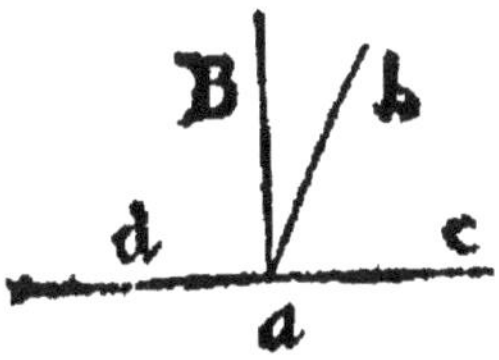

21. Si deux angles qui ont vn costé commun, sont égaux à deux droits, leurs autres costez seront vne ligne droite. Soient les angles *d a b* & *b a c* égaux à deux droits, je dis que la ligne *d a* avec la ligne *a c* fait vne ligne droite ; ce qui est clair par ce qui a esté dit. Car si du centre *a* on tire vn cercle *d b c*, les deux arcs *d b*, *b c* seront égaux à la demi-circonference, puisqu'on suppose que ces deux angles sont égaux à deux droits. Ainsi les lignes *d a*, *a c* feront le diametre, & par consequent seront *en droite ligne, posita in directum.* Tout ceci est important.

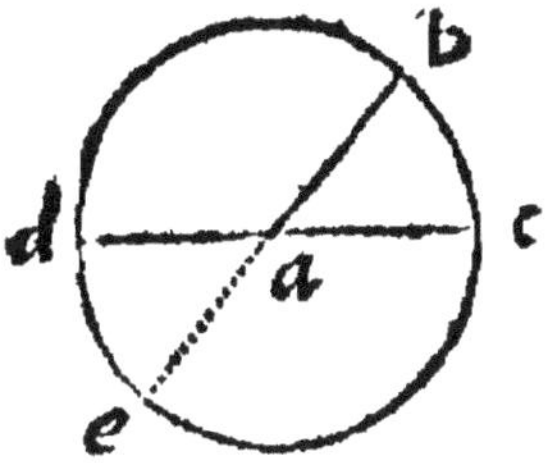

22. Si d'vn point donné *a* on éleve diverses lignes *a b*, *a e*, *a f*, *a d*, *&c.* elles feront divers angles ; & tous ces angles ensemble en quelque nombre qu'ils soient, seront égaux à quatre droits : car il est clair que tous ces angles remplissent le cercle dont ils divisent la circonference en autant d'arcs *bf*, *fe*, *ed*, *dc*, *cb*. Ainsi tous ces arcs ensemble sont égaux à

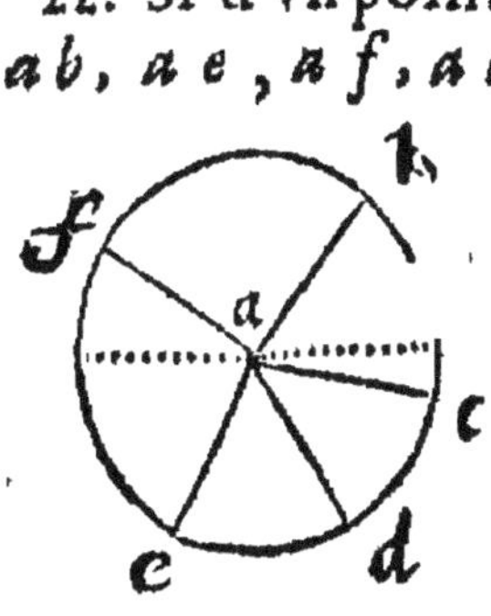

quatre quarts de cercle, c'est à dire, que tous les angles sont égaux à quatre droits : car aussi quatre angles droits remplissent le cercle.

23. Les angles *opposez par la pointe* sont égaux entre eux. Soient (fig. de 21.) deux lignes droites *d a c* & *b a e*, je dis que l'angle *b a c* est égal à l'angle *e a d*: car l'arc *c b* avec l'arc *b d*, fait la demi-circonference, (12.) & de mesme l'arc *b d* avec l'arc *d e*, fait aussi la demi-circonference : donc l'arc *b c* est égal à l'arc *d e*, puisque l'arc *b d* fait toûjours la mesme quantité, soit qu'on l'ajoûte avec l'arc *b c*, soit qu'on l'ajoute avec l'arc *d e*. Par mesme raison l'angle *d a b* est égal à l'angle *c a e*.

24. On divise toute la circonference du cercle en 360. parties égales, qui s'appellent *Degrez*, & chaque degré en 60. parties égales, qui sont les *Minutes*, & chaque minute en 60. *Secondes*, chaque seconde en 60. *Tierces*, & ainsi à l'infini. Et quand on veut determiner la grandeur des angles, on compte les degrez qu'ils comprennent. Par exemple quand on dit vn angle de 90. degrez, on entend vn angle droit, parce qu'vn angle droit comprend la quatriéme partie de la circonference, laquelle contient 90. degrez, puisque toute la circonference en contient 360. dont la quatriéme partie est 90. De mesme vn angle de 60. degrez est vn angle qui fait les deux tiers d'vn droit.

25. Les Minutes se marquent par vn petit trait, comme vne virgule ′ qu'on met à costé du chifre : & les Secondes par deux de ces traits ″ : les Tierces par trois ‴ : les Quartes par quatre, *&c.* comme 25. d. 32′. 43″. ce qui veut dire 25. degrez, 32. minutes, 43. secondes.

26. Deux lignes sont dites estre *Paralleles*, quand elles sont par tout également éloignées l'vne de l'autre. Les deux lignes *ab* & *ed* sont paralleles, si elles sont également éloignées en *ae* & en *bd*, ou en *B D*, & en tout autre endroit.

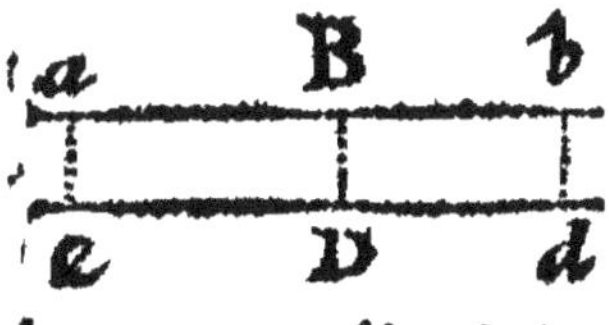

27. Cét éloignement se mesure par des perpendiculaires. Comme si du point *a* on s'imaginé que la ligne *ae* tombe perpendiculairement sur *ed*; & si de mesme *bd* tombe perpendiculairement sur *de*: nous conceurons naturellement que si ces deux perpendiculaires *ae*, *bd* sont égales, les deux lignes *ab*, *ed* seront également éloignées l'vne de l'autre en ces deux endroits; cela est naturellement connu sans autre preuve.

28. Deux lignes paralleles estant continuées à l'infini, ne viennent jamais à se toucher: car puisqu'elles sont toûjours également éloignées, on peut par tout tirer entre deux vne perpendiculaire égale à *ae*, ou à *bd*: & par consequent elles ne se touchent jamais.

29. Si deux lignes qui tombent sur vne troisiéme, sont également inclinées, elles seront paralleles; & si elles sont paralleles, elles seront également inclinées. Soit la ligne *gh* sur laquelle tombent *cae* & *dbf*, en sorte que *ca* soit inclinée sur *ag*, de mesme façon que *db* l'est sur *ba*, c'est à dire, en sorte que l'angle *cag* soit égal à l'angle *dba*; je dis que ces deux lignes *ca* & *db* seront paralleles. Et de mesme, si nous supposons qu'elles

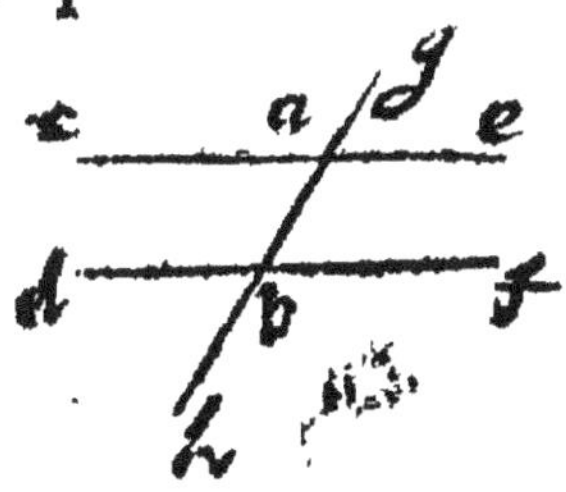

soient paralleles, elles seront également inclinées, & feront des angles égaux entre eux. Ceci encore est naturellement connu pour peu d'attention qu'on y apporte : car si nous imaginons ces deux lignes comme les costez d'vne regle, nous pouvons considerer toute cette regle, comme vne ligne indivisible. Ainsi les angles *hbd* & *cag* seront comme les *angles de suite* égaux à deux droits, (20.) & les angles *hbd* & *gae*, seront comme des angles *opposez par la pointe* égaux entre eux. (23.)

30. Lorsqu'vne ligne coupe deux paralleles, il se fait huit angles, dont les quatre *ab*, *hg* sont *externes*, les autres sont *internes*. Les angles *b* & *f*, ou bien *a* & *e*, *&c.* sont appellez *Alternes* : les angles *c* & *f*, ou bien *d* & *e*, sont les *internes opposez* : les angles *d* & *f*, ou bien *c* & *e*, sont les *internes de mesme costé.*

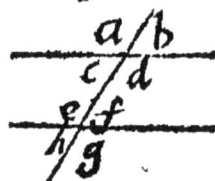

31. Les angles alternes sont égaux entre eux, comme *bf*, *ch*, & *ae*, *dg*.

32. Lorsqu'vne ligne tombe ainsi sur deux paralleles, elle fait les angles internes de mesme costé égaux à deux droits. L'angle *d* avec l'angle *f* est égal à deux droits, parce que *f* est égal à *c*. (31.) Or *c* avec *d* fait deux angles droits : (20.) donc aussi *f* avec *d* fera deux angles droits, ce qu'il faloit demonstrer.

33. Une proposition est appellée *Converse* d'vne autre, quand aprés avoir tiré vne conclusion de quelque chose qu'on a supposée, on vient dans cette autre proposition converse à supposer ce qui avoit esté conclu, & à en tirer ce qui avoit esté supposé. Par exemple ici nous disons, si les lignes sont paralleles, les angles *d* & *f* seront

ensemble égaux à deux droits, où nous supposons que les lignes sont paralleles; & de là nous concluons : donc les angles, *&c.* La *Converse* se fera ainsi. Si les angles *internes de mesme costé d* & *f* sont égaux à deux droits, les lignes seront paralleles : où aprés avoir supposé que ces angles valent deux droits, nous concluons que les lignes seront paralleles. Les *converses* en cét endroit n'ont pas besoin de nouvelle preuve.

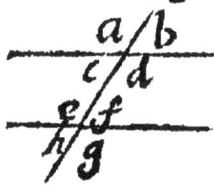

34. Si deux lignes sont paralleles à vne troisiéme, elles le seront entre elles. Soit la ligne *a b* parallele à *c d*, & *e f* parallele aussi à la mesme *c d*, je dis que *a b* est parallele à *e f* : car si l'on tire vne ligne *b d f* qui les coupe toutes trois, l'angle *b* sera égal à l'angle *d*, (31.) & de mesme l'angle *f* sera égal à l'angle *d* : (31.) donc l'angle *b* est égal à l'angle *f*, parce que c'est vn principe, que si deux choses sont égales à vne troisiéme, elles sont égales entre elles. Puis donc que l'angle *b* est égal à *f*, il s'ensuit que la ligne *a b* est parallele à *e f*. (33.)

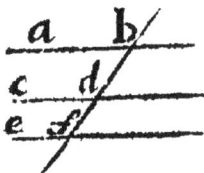

LIVRE SECOND.

Des Triangles.

VNE *Figure* eſt vn eſpace renfermé de toutes parts. Si les lignes qui la terminent ſont droites, elle s'appelle figure *Rectiligne*; ſi elles ſont courbes, elle s'appelle *Curviligne*; & ſi elles ſont en partie droites, & en partie courbes, la figure s'appelle *Mixte*.

2. Il y a des figures *Planes* qui ſont ſur vne ſurface plane, & des figures *Solides* qui ſont vn corps avec trois dimenſions. On parle ici ſeulement des figures planes.

3. Toutes les lignes qui renferment la figure priſes enſemble, font la *Circonference*, ou le *Perimetre*, ou le *Circuit* de la figure.

4. De toutes les figures planes, curvilignes, ou mixtes, on ne conſidere proprement dans la Geometrie ordinaire que le cercle, ou vne partie de cercle, terminée d'vn coſté par vn arc, & de l'autre par vne ou pluſieurs lignes droites.

5. Parmi les rectilignes, les plus ſimples figures ſont les *Triangles*, qui ſont terminées par trois lignes, leſquelles font trois angles.

6. Un triangle qui a vn angle droit, s'appelle *Triangle rectangle*, *a*: s'il a vn angle obtus, il s'appelle *Obtuſangle* ou *Amblygone*, *b*; s'il a

a b

trois angles aigus, il s'appelle *Acutangle* ou *Oxygone*, *c*, *e*.

7. Quand le triangle a tous les trois costez inégaux, il s'appelle *Scalene*, *a*, *b* : s'il a deux costez égaux, il est *Isoscele*, *e* : si tous les trois costez sont égaux, il est *Equilateral*, *c*.

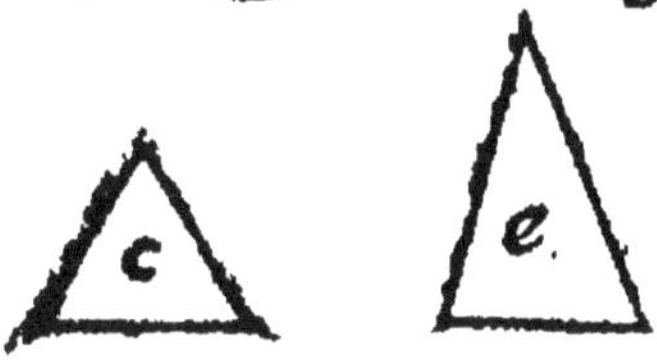

8. Si l'on prend deux costez du triangle, on peut les appeller *Iambes*, & le troisiéme costé pour lors s'appellera *Base*; tout costé peut estre pris pour *Base*.

9. En tout triangle les trois angles ensemble sont égaux à deux droits. Soit le triangle *a b c*, je dis que l'angle *a*, plus l'angle *c*, plus l'angle *a b c*, valent deux droits : car si nous imaginons vne ligne *b d* parallele à *a c*, ces deux lignes paralleles seront coupées par la troisiéme *b c*, & par consequent les angles alternes seront égaux, (1. 31.) c'est à dire, que l'angle *c* est égal à l'angle *c b d*. De plus la ligne *b a* tombant sur les paralleles *b d* & *a c*, elle fait les angles internes de mesme costé égaux à deux droits, (1.32.) c'est à dire, que l'angle *a b d*, plus l'angle *a*, sont égaux à deux droits. Or l'angle *a b d* est composé de deux angles, dont l'vn est *a b c*, (qui est vn des trois du triangle) & l'autre est *d b c*, que j'ay fait voir estre égal à l'angle *c* : donc aussi ces trois angles *a b c*, plus *c*, plus *a* valent [illegible] droits; ce qu'il faloit demonstrer.

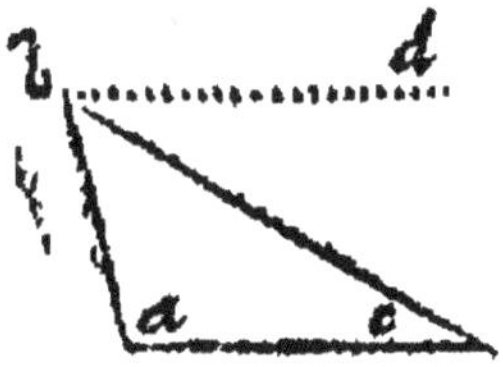

10. Si l'on prolonge la base d'vn triangle, l'angle externe est égal aux deux internes opposez. Soit le triangle *a b c*, & qu'on prolonge le costé

ca vers *e*, il se fait vn angle en dehors *b a e*, qui s'appelle l'angle *externe* du triangle. Or je dis que cét angle externe *b a e* est égal aux deux angles *b* & *c* qui sont les *internes* opposez : car ces deux angles *b* & *c* avec le troisiéme *b a c* font ensemble deux droits, (par la precedente) & de mesme, ce troisiéme angle *b a c* avec l'angle *b a e*, fait aussi deux droits : (1. 20.) donc les angles *b* & *c* font tous deux l'angle *b a e* ; ce qu'il faloit demonstrer.

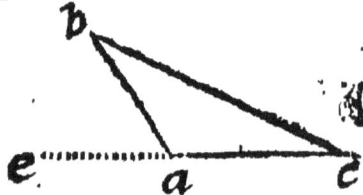

11. Si vn triangle *A B C* a deux costez *A B* & *A C*, égaux aux deux costez *ab*, *ac* d'vn autre triangle ; & si de plus l'angle *A* est égal à l'angle *a* : je dis que le troisiéme costé *B C* sera égal à *bc*, & l'angle *B* à l'angle *b*, & *C* à *c*, & tout le triangle *A B C* à tout le triangle *a b c*. Car si nous imaginons que le triangle *a b c* soit posé sur *A B C*, en sorte que le costé *a b* soit precisément sur *A B* qui luy est égal ; le costé *a c* tombera aussi sur *A C*, puisqu'on suppose que l'angle *a* est égal à l'angle *A* ; & ainsi le point *c* tombera sur *C*, puisque *a c* est égal à *A C* : donc aussi *b c* tombera sur *B C*, & par consequent luy sera égal ; & de mesme l'angle *c* sera égal à *C*, & *b* à *B*, & tout le triangle à tout le triangle, puisque tout se répond si bien, que rien du triangle de dessus ne passe au delà de celuy de dessous.

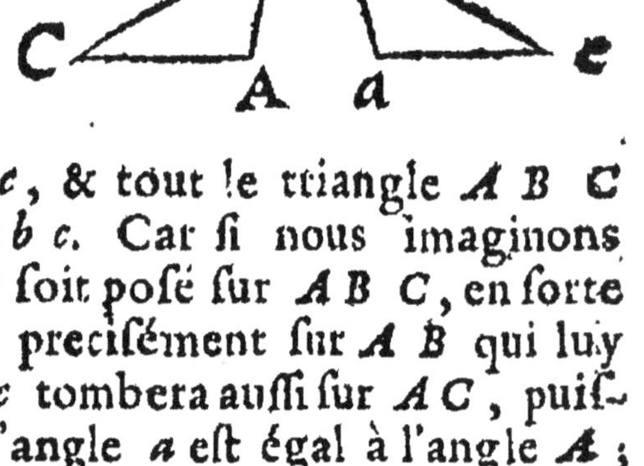

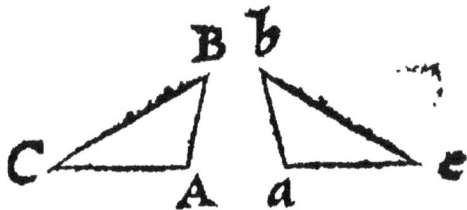

12. Les figures qui s'ajustent ainsi, & se correspondent parfaitement quand elles sont mises l'vne

sur l'autre, s'appellent figures *congruës, quæ mutuo sibi congruunt*; & c'est vne maxime generale, *Quæ mutuo sibi congruunt, æqualia sunt ; les choses qui estant ainsi mises l'vne sur l'autre se correspondent parfaitement, sont égales.*

13. La converse aussi de la proposition precedente est aisée à comprendre, sçavoir, que si vn triangle a tous ses trois costez égaux aux trois costez d'vn autre triangle, tous les angles de l'vn seront aussi égaux aux angles de l'autre, & tout l'espace que contient vn triangle, sera aussi égal à l'espace que contient l'autre triangle : comme si *AB* est égal à *ab*, & *AC* à *ac*, & *BC* à *bc*, je dis que l'angle *A* sera égal à l'angle *a*, & *B* à *b*, & *C* à *c*, & tout le triangle *ABC* à tout le triangle *abc*.

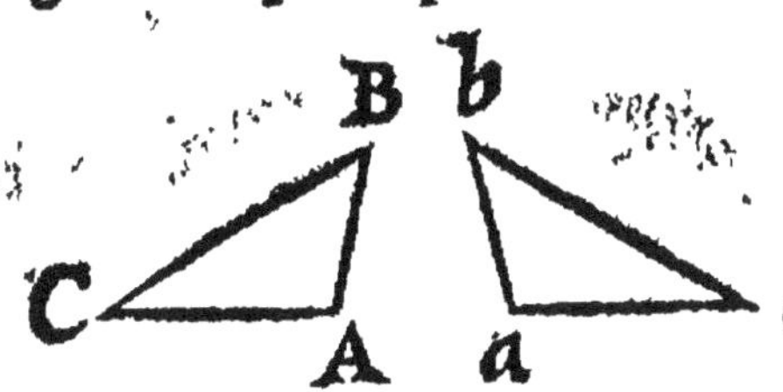

14. Si l'angle *A* est égal à l'angle *a*, & l'angle *B* à l'angle *b*, & le costé *AB* au costé *ab*; le costé *AC* le sera aussi au costé *ac*, & *BC* à *bc*, & tout le triangle *ABC* à tout le triangle *abc* : cela est aisé à prouver par les precedentes.

15. Et en tout triangle Isoscele les deux angles qui se font sur la base par les jambes égales, sont égaux entre eux. Soit le triangle *abc*, dont la jambe *ab* soit égale à *ac*, je dis que l'angle *b* est égal à l'angle *c* : car si nous imaginons que la base *bc* est partagée également en *d*, la ligne *ad* fera deux triangles *adc* & *adb*, & les trois costez de l'vn seront égaux aux trois costez de l'autre ; car *ac* est égal à *ab* par l'hypothese ou supposition de la proposition mesme. *dc* est

égal à *d b*, parce que nous ſuppoſons ici que la baſe *b c* eſt partagée également en *d*. Le troiſiéme coſté *a d* eſt commun à tous les deux triangles ; ainſi les trois coſtez de l'vn ſont égaux aux trois coſtez de l'autre, & par conſequent tout le triangle *a d c* eſt égal à tout le triangle *a d b*, & l'angle *c* à l'angle *b* ; ce qu'il faloit demonſtrer.

16. Dans tout triangle Iſoſcele, la ligne qui tombant de l'angle du ſommet partage la baſe en deux également, eſt perpendiculaire à la meſme baſe ; & diviſe l'angle du ſommet auſſi en deux également : car l'angle *a d c* eſt égal à l'angle *a d b* par la precedente : & par conſequent ils ſont tous deux droits, & la ligne *a d* perpendiculaire ſur *b c*, (1. 15.) & de meſme l'angle *d a c* eſt égal à l'angle *d a b* par la precedente.

17. En tout triangle le plus grand coſté *ſoûtient* (*ſubtendit*) le plus grand angle, c'eſt à dire, eſt oppoſé au plus grand angle. Soit le coſté *b c* plus grand que le coſté *a c*, je dis que l'angle *a* ſoûtenu par le coſté *b c* eſt plus grand que l'angle *b* ſoûtenu par le coſté *a c* : car puiſque *b c* eſt plus grand que *c a*, ſoit imaginée *c d* égale à *c a*, afin que *a d c* ſoit vn triangle Iſoſcele : donc (2. 15.) l'angle *c a d* ſera égal à l'angle *a d c*. Or l'angle *c a b* eſt plus grand que l'angle *c a d* : (comme *le tout eſt plus grand que ſa partie*) donc l'angle *c a b* eſt plus grand que l'angle *c d a*. De plus cét angle *c d a* eſtant *externe* à l'égard du petit triangle *d a b*, cét angle, dis-je, *c d a* ſera plus grand que le ſeul interne *b* : (2. 10.) donc à plus forte raiſon l'angle *c a b* ſera plus grand que l'angle *b* ; ce qu'il faloit prouver.

18. Tout triangle doit avoir necessairement deux angles aigus : car s'il n'en avoit qu'vn, les deux autres seroient ou deux obtus, ou deux droits, ou l'vn obtus, & l'autre droit. Or rien de tout cela ne peut estre, puisque (2. 9.) tous les trois angles ensemble ne valent que deux droits.

19. De toutes les lignes qu'on puisse tirer d'vn point donné à vne ligne donnée, la plus courte est la perpendiculaire, & les plus longues sont celles qui s'éloignent le plus de la perpendiculaire. Soit la ligne donnée *a d*, & le point donné *b*; soit de plus *b a* perpendiculaire à *d a*, de laquelle *b e* soit plus éloignée que ne l'est *b c* : je dis que *b a* est plus courte que toute autre ligne possible, par exemple plus courte que *b c*; & davantage, que *b e* est plus longue que *b c*. Car dans le triangle *a b c* l'angle *a* est droit, & par consequent le plus grand de tous, puisque les deux autres doivent necessairement estre aigus : (2. 18.) donc le costé *b c* est plus grand que *b a*, (2. 17.) comme soûtenant le plus grand angle. De mesme dans le triangle *b c e* l'angle *b c e* est obtus, puisque l'angle *b c a* est aigu, & par consequent le costé *b e* sera plus grand que *b c*; (2. 17.) comme soûtenant le plus grand angle.

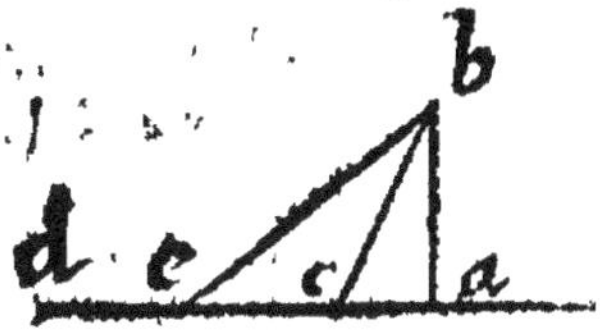

En tout triangle deux costez pris ensemble sont plus longs que le troisiéme. Soit le triangle *a b c*, je dis que le costé *a b*, plus *a c*, est plus long que le seul *c b* : car soit prolongé *b a*, qu'on imagine *a d* égal à *a c*, le triangle *a d c* sera Isoscele, & par consequent l'angle *a c d* sera égal à l'angle *d* : (2. 15.) donc l'angle *d c b*, qui est plus grand que l'angle *d c a*, est aussi plus grand que l'angle *d*: donc en considerant comme vn seul triangle *b dc*, le costé *bd* sera plus grand que *cb*, (2. 17.) comme soûtenant vn plus grand angle. Or *bd* est égal aux deux *ba*, *ac*, puisque *ad* est égal à *ac*: donc les deux *ba*, *ac*, sont plus grands que *b c*; ce qu'il faloit prouver.

21. Quoi-que cette proposition soit demonstrée, elle peut neanmoins passer pour vn principe naturellement connu. Car la ligne *cb* estant vne ligne droite, elle fait aussi le plus court chemin depuis le point *c* jusqu'au point *b*, tandis que les autres *cab*, ou bien *cdb*, ou *ceb*, prennent des détours, & par consequent des chemins plus longs. Et mesme on peut avec Archimede poser pour principe, que

des lignes qui font ainsi des circuits, celles-là sont plus longues, qui dans leur circuit renferment les autres, & qu'ainsi *cdb* est plus longue que *ceb*, & *cab* que *cdb*; pourveu neanmoins que ces lignes ne rentrent point comme en cette figure, où les lignes *cffb* peuvent estre plus longues que *cab*, quoi-qu'elles soient renfermées dans le circuit de *cab*.

LIVRE TROISIÉME.

Des Quadrilateres, & des Polygones.

1. LEs figures comprises entre quatre lignes droites qui font quatre angles, sont appellées *Quadrilateres.*

2. Quand les lignes opposées sont paralleles, le Quadrilatere s'appelle *Parallelogramme*, *a*; sinon il s'appelle simplement *Trapeze*, *b*.

3. Quand le parallelogramme a tous les quatre angles droits, il s'appelle *Parallelogramme Rectangle*, *c*, ou pour abreger simplement *Rectangle*: & si de plus tous les costez sont égaux, il s'appelle *Quarré*, *d*.

4. Si tous les costez estant égaux, les angles neanmoins ne le sont pas; alors le parallelogramme s'appelle *Rhombe*, ou *Losange*, *e*.

5. Si le parallelogramme n'a ni les angles, ni les costez égaux, il s'appelle *Rhomboïde*, *a*.

6. En tout parallelogramme les angles opposez sont égaux. Soit le parallelogramme *o b c d*, je dis que l'angle *o* est égal à l'angle *c*: car *o* est égal à *b*, (1. 31.) & *b* est égal à *c*: (1. 31.) donc *o* est égal à *c*.

7. La ligne tirée d'vn angle à l'autre angle opposé, s'appelle *Diagonale* ou *Diametre*, comme *b d*.

8. Tout parallelogramme est divisé en deux par-

ties égales par la diagonale. La diagonale *b d* divise le parallelogramme *o b c d* en deux triangles *o b d* & *bc d*. Il faut donc prouver que ces deux triangles sont égaux. 1. L'angle *o* est égal à l'angle *c*. (3.6.) 2. L'angle *o b d* est égal à l'angle *c d l*; (1.31.) & par mesme raison aussi l'angle *o d b* est égal à l'angle *c b d*. Ainsi ces deux triangles ont tous les trois angles égaux reciproquement, chaque angle de l'vn à chaque angle de l'autre : & de plus le costé *b d* est commun à l'vn & à l'autre triangle. Donc aussi tout le triangle *o b d* est égal à tout le triangle *cdb*. (2.14.)

9. En tout parallelogramme les costez opposez sont égaux, puisque le triangle *o b d* est tout égal à tout le triangle *dcb*, par la precedente : aussi le costé *c d* sera égal au costé *b o*, & le costé *o d* au costé *b c*; ce qu'il faloit prouver.

10. Deux diagonales *a c* & *b d* se coupent mutuellement par le milieu *e*: car dans les triangles *a e d* & *b e c*, le costé *a d* est égal au costé *c b*: (3.9.) l'angle *e a d* est égal à l'angle *e c b*, (1.31.) & de mesme l'angle *a d e* est égal à l'angle *c b e*, (1.31.) & de plus l'angle *a e d* est égal à l'angle *c e b*, (1.23.) puisqu'il luy est opposé par la pointe : donc le costé *d e* est égal au costé *b e*, & le costé *a e* au costé *c e*. (2.14.) Ainsi ces deux Diagonales sont divisées également en *e*.

11. Toute ligne droite *f g* qui passe par le milieu de la diagonale *e*, partage le parallelogramme en deux également. Il faut prouver que le trapeze, c'est à dire, le quadrilatere irregulier, *a f g d a* est égal au trapeze *c g f b c*. 1. Le triangle *b e f* est égal au triangle *d e g*: car le costé *d e* est égal à *e b* par

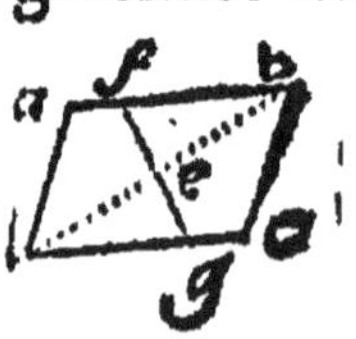

l'hypothése ; l'angle d'*f* est égal à l'angle de *g i* (p. 31.) l'angle en *e* est égal de part & d'autre, puisqu'il est opposé par la pointe, *&c.* donc le triangle *f e b* est égal au triangle *g e d.* 2. Tout le triangle *a d b* est égal au tout *c b d* : (3. 8.) donc si du triangle *a d b* on oste le petit triangle *f e b*, & qu'en sa place on luy donne le triangle *d e g*, il se fera vn trapeze *a f g d* égal au triangle *a d b*, c'est à dire, à la moitié de tout le parallelogramme; ce qu'il faloit prouver.

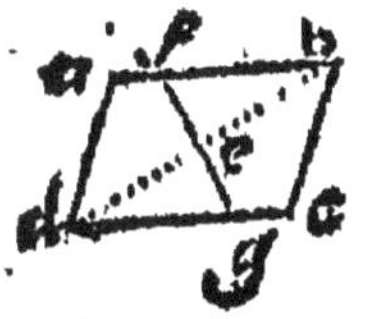

12. Si dans la diagonale *b d* on prend vn point *e* par lequel passent deux paralleles aux costez, sçavoir *g e f*, & *h e i*, il se fera quatre parallelogrammes, sçavoir *e f b i*, *e h d g* (& ces deux s'appellent *Parallelogrammes d'autour du diametre*) & les deux autres parallelogrammes sont *e h a f*, & *e i c g*, & ces deux s'appellent *Complemens* : & les deux complemens avec vn parallelogramme d'autour du diametre font la figure qu'on appelle *Gnomon* ou *Esquierre*, comme est ici ce qui est haché ou marqué par des traits.

13. En tout parallelogramme les *Complemens* sont égaux. Il faut prouver que *e h a f* est égal à *e g c i*. Tout le triangle *b a d* est égal au tout *b d c* : (3. 8.) de mesme le triangle *e f b* est égal au triangle *e b i*, (3. 8.) & aussi *e h d* est égal a *e g d* : (3. 8.) donc si des deux triangles égaux *b d a* & *b d c*, on oste choses égales, à sçavoir, si on oste d'vne part *e f b*, & *e h d*, & de l'autre *e i b*, & *e g d*, il restera d'vne part le parallelogramme *e h a f* égal au parallelogramme *e i c g*, qui restera de l'autre part ; ce qu'il faloit prouver.

14. Les parallelogrammes qui ont mesme base,

& qui sont entre les mesmes paralleles, sont égaux. Soit vn parallelogramme *a b d c*, & vn autre *a b f e*, en sorte que la base *a b*, soit commune à tous les deux, & que la ligne *c d* estant continuée, passe par *e f*; si bien que ces deux parallelogrammes soient ainsi entre deux paralleles, & terminez par elles, à sçavoir, entre la ligne *a b*, & la ligne *c f*, parallele à *a b* : je dis que le parallelogramme *a b d c* est égal à *a b f e*. 1. *c d* est égale à *e f*, puisque l'vne & l'autre sont égales à *a b* : (3. 9.) donc si à chacune de ces deux lignes égales nous ajoûtons la ligne *d e*, *c e* sera égale à *d f*. 2. *c a* est égal à *d b*. (3. 9.) 3. L'angle *a c e* est égal à l'angle *b d f* : (1. 31.) donc tout le triangle *a e c* est égal au tout *b f d*. Donc si de chacun de ces deux triangles égaux, on oste le triangle blanc *d e o* qui est entre les deux parallelogrammes, & qu'on leur ajoûte aussi à chacun le triangle contrehaché, *o a b* il resultera de tout cela d'vne part le parallelogramme *a b d c* égal au parallelogramme *a e f b*, qui sera fait de l'autre part.

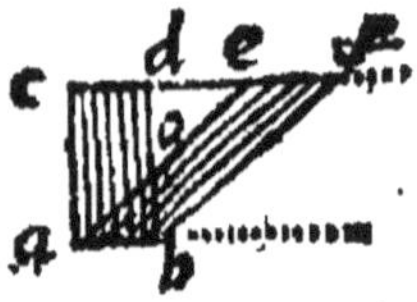

15. Les parallelogrammes qui sont entre les mesmes paralleles *a h* & *c f*, & sur des bases égales, l'vn sur *a b*, & l'autre sur *g h*, en sorte que *a b* soit égal à *g h*, sont égaux. Car si l'on imagine vn troisiéme parallelogramme *a e f b*, celuy-ci sera égal à *a b d c*, (3. 14.) puisqu'il est sur la mesme base *a b*, & entre les mesmes paralleles *a b* & *c f* : & ce mesme parallelogramme *a e f b* est aussi égal à *g h f e*, puisque l'vn & l'autre ont mesme base, sçavoir *e f*, (il n'importe de rien que la base soit au haut ou au bas). & qu'ils sont entre les mesmes paralleles, sçavoir entre *f e* & *h a*. Donc aussi *h f e g*

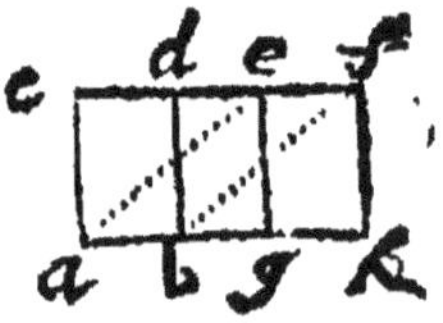

eſt égal à *a b d c*, puiſqu'ils ſont égaux à vn troiſiéme *a e f b*.

16. Les triangles qui ſont ſur meſme baſe *a b*, & entre meſmes paralleles *a b* & *c e*, ſont égaux. Le triangle *a b c* eſt égal au triangle *a e b*, parce que ſi l'on imagine vne ligne *b d* parallele à *a c*, & vne autre *b f* parallele à *a e*, on aura deux parallelogrammes *a c d b*, & *a e f b*, leſquels eſtant ſur meſme baſe *a b*, & entre meſmes paralleles, seront égaux. (3. 14.) Or le triangle *a c b* eſt la moitié du parallelogramme *a c d b*: & le triangle *a e b* eſt la moitié du parallelogramme *a e f b*: (3. 8.) donc ces deux triangles ſont égaux.

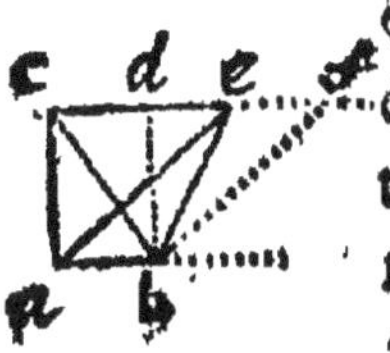

17. Les triangles ſur baſes égales, & entre meſmes paralleles, ſont égaux. La preuve en eſt aiſée.

18. Si vn triangle a meſme baſe avec vn parallelogramme, & eſt entre meſmes paralleles, il ſera la moitié de ce parallelogramme. Le triangle *a b c* eſt la moitié du parallelogramme *a e f b*.

19. Le *Pentagone* eſt vne figure à cinq coſtez, & cinq angles. Si tous les coſtez ſont égaux, & tous les angles auſſi, le Pentagone eſt *Regulier*.

20. L'*Hexagone* eſt de ſix coſtez, & de ſix angles; l'*Heptagone* de ſept; l'*Octogone* de huit, *&c.* qui ſont auſſi *Reguliers*, quand tous les angles & tous les coſtez ſont égaux entre eux.

21. *Polygone* eſt generalement toute figure, qui eſt compriſe ſous pluſieurs coſtez, & fait pluſieurs angles: mais on ne ſe ſert guere de ce nom, ſi les figures n'ont plus de quatre, ou de cinq coſtez.

22. Tout polygone ſe peut diviſer en autant de triangles qu'il a de coſtez. Si au dedans du polygone on prend vn point *a* en quelque part que ce

ſoit, & que de ce point on imagine des lignes tirées vers chaque angle *ab, ac, ad, &c.* il ſe fera autant de triangles, qu'il y a de coſtez dans le polygone.

23. Les angles des polygones ſont tous enſemble deux fois autant d'angles droits, moins quatre, qu'il y a de coſtez. Par exemple ſi le polygone a ſept coſtez, dont le double eſt 14. & ſi on en oſte quatre, reſte dix : je dis que tous les angles de cét heptagone, ſçavoir l'angle *cbh*, plus *bhg*, plus *hgf*, *&c.* ſont tous enſemble égaux à ces dix angles droits. Car ſi du point *a* on tire vers les angles ſept lignes *ab*, *ac*, *ad*, *&c.* pour faire les ſept triangles, chacun de ces triangles aura trois angles, qui en valent deux droits : (2. 9.) de ſorte que tous les angles enſemble de tous ces ſept triangles valent 14. droits. Or chacun de ces triangles a vn angle qui va aboutir au point *a* ; en ſorte qu'eſtant tous poſez autour de ce point *a*, ils rempliſſent tout l'eſpace d'alentour : donc tous ces ſept angles ainſi aboutiſſant au point *a*, valent 4. droits, (1. 22.) & par conſequent tous les autres angles qui ſont vers les angles de l'heptagone, valent 10. droits ; ce qu'il faloit prouver.

24. Le polygone ſe peut auſſi diviſer en triangles, en tirant des lignes d'angle à angle ; alors le nombre des coſtez ſurpaſſera de deux celuy des triangles.

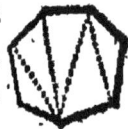

LIVRE QUATRIEME.

Du Cercle.

1. VNE ligne eſt dite *Toucher* vn cercle, quand elle le touche ſans qu'elle entre dedans, quoi-qu'elle ſoit prolongée au delà du point d'attouchement. La ligne *a* touche ici le cercle, comme auſſi le cercle *c* touche le cercle *d*: mais en *b* la ligne entre dans le cercle, & le coupe.

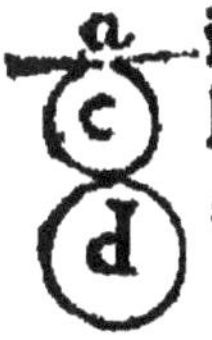

2. Une ligne entrant dans vn cercle, le coupe en deux parts, qu'on appelle *Segmens*. *e* eſt le *petit* ſegment, & *f* eſt le *grand*; & cette ligne qui coupe s'appelle *Corde*, & les parties du cercle coupées s'appellent *Arcs*.

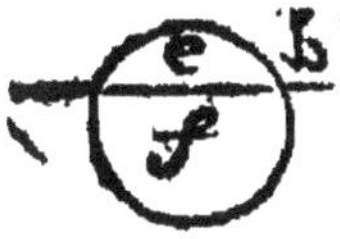

Le ſegment a deux angles mixtes compris entre la corde, & l'arc du cercle coupé; & ces angles s'appellent *Angles du ſegment*. Et comme le cercle eſt diviſé en 360. degrez, on compte combien de degrez a l'arc de ce ſegment, pour determiner l'angle. Par exemple ſi l'arc *c b* eſt de 60. degrez, on dira que l'angle mixte eſt du ſegment de 60. degrez.

3. Si dans l'arc du ſegment *a c b* on prend vn point *c* en quelque part que ce ſoit, & que l'on imagine deux lignes *c a*, *c b*; elles feront vn angle *a c b* qui s'appelle l'*angle dans le ſegment*: & on dit que cét angle *a c b*

acb insiste sur l'arc de l'autre segment d'embas.

4. *Secteur* du cercle est vn triangle mixte compris entre deux demi-diametres *ab, ac,* & vn arc du cercle *bc.* Le secteur est ici marqué par des traits.

5. Si par l'extremité d'vn demi-diametre *ab*, on imagine vne perpendiculaire *bd*, elle touchera le cercle en ce seul point *b*; & tout au-re point imaginable de la ligne *bd* era hors le cercle. Par exemple, le oint *d* est dehors; car si on imagine ne ligne tirée du centre *ad*, laquelle coupe le ercle au point *c*, cette ligne *ad* sera plus lonue que *ab*, (2. 19.) & par consequent plus ongue que *ac*, puisque *ac* est égale à *ab*: (1. 14.) onc le point *d* tombe au delà du cercle. Ce qu'il aloit demonstrer.

6. Une corde *bc* est divisée en deux égale-ient par vne perpendiculaire *ad*, irée du centre *a*: car le triangle *abc* st isoscele, puisque *ab* est égal à *ac*: 1. 14.) donc la perpendiculaire *ad* oupe la base *bc* en deux également. 2.16.) l'arc *bc* est aussi divisé également.

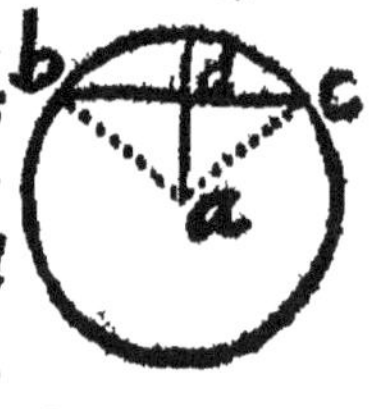

7. Si deux lignes *db* & *dc* touchent vn cercle, lles seront égales. Car imaginant du centre vers s points d'attouchement deux lignes *b* & *ac*, celles-ci seront perpendicu-aires aux touchantes. (4.5.) De plus, i on imagine la ligne *bc*, l'angle *abc* era égal à l'angle *acb*: (2. 15.) donc i de choses égales, c'est-à-dire, des ngles droits *abd* & *acd*, on oste les choses gales, c'est à dire, l'angle *abc* d'vne part, & de autre l'angle *acb*, les angles qui resteront seront

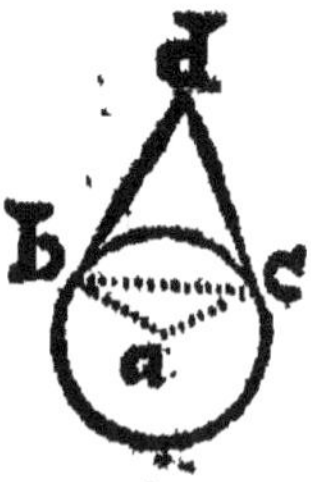

égaux, c'est à dire, *cbd* sera égal à *bcd*, & par consequent le costé *db* sera égal au costé *dc*. (2. 15.)

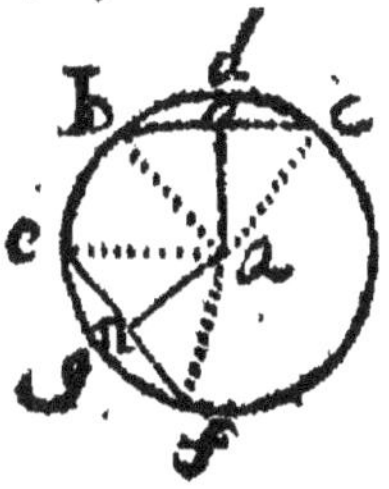

8. Deux cordes égales *bc*, *ef*, font deux segmens *bdc* & *egf* égaux, & les perpendiculaires *ao* & *an* seront égales. Ceci est facile à prouver.

9. Soit le demi-diametre *ab*, la perpendiculaire *bd*, vne autre ligne *acd* coupant le cercle en *c*, & la perpendiculaire en *d*, vne autre ligne *ce* perpendiculaire au rayon *ab*: toutes ces lignes ont des noms affectez. La ligne *bd* terminée ainsi par *ad*, s'appelle *Tangente* de l'arc *bc*, par exemple de 30. degrez; la ligne *ad* s'appelle *Secante* du mesme arc de 30. degrez; la ligne *ce* s'appelle le *Sinus* du mesme arc; & enfin *ab* s'appelle le *Sinus-total*, ou simplement le rayon.

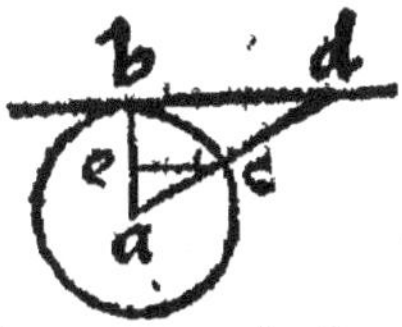

10. Si dans vne circonference d'vn cercle on prend deux points *a* & *b*, desquels on tire deux lignes jusques au centre *c*, & deux autres jusques à vn autre point *d* de la circonference; il se fait deux angles, dont l'vn *acb* s'appelle *Angle au centre*, & l'autre *adb*, *Angle à la circonference*.

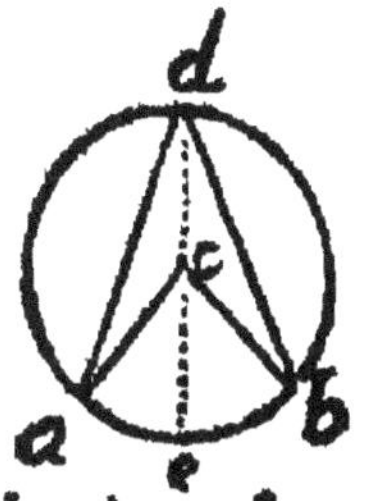

11. L'angle au centre *acb* est toûjours double de l'angle à la circonference *adb*. 1. Si l'vne des lignes comme *bd*, passe par le centre *c*, l'angle *acb* sera exterieur à l'égard du triangle *acd*: (2. 10.) & par consequent il sera égal aux deux angles internes opposez, sçavoir à l'angle *adc*, plus à l'angle *dac*. (2. 10.) Or ces deux

ngles *adc* & *dac* sont égaux, (2. 15.) puisque s deux jambes *ca* & *cd* sont égales: (1. 14.) onc l'angle *acb* est double d'vn de ces deux, avoir de *adc*; ce qu'il faloit prouer. 2. Si aucune des lignes *ad* ou *d*, ne passe par le centre *c*; soit imaginé *dce*, en sorte que *e* se trouve ors l'arc *ab*: alors tout l'angle *ace* ra double de l'angle *ade*, par ce e je viens de montrer dans la premiere partie cette proposition; & de mesme l'angle *bce* double de l'angle *bde*. Donc si de l'angle *ce* on oste *bce*, & que de l'angle *ade*, qui est la moitié de *ace*) on oste *bde*, qui est aussi la moitié de *bce*) ce qui reste *adb* sera la moitié de *acb*: parce que c'est ıe maxime, que si vne quantité est double vne autre, & qu'on oste de la grande le double de ce qu'on oste de la petite, ce qui restera la grande sera encore double de ce qui reste de la petite. 3. Si le point *e* tombe dans l'arc *b*, (figure de l'article 10.) alors l'angle *ace* sera ouble de l'angle *adc*: & l'angle *bce* sera aussi double de *bdc*, par ce qui a esté demonstré dans la preere partie de cette proposition. Donc l'angle tal *acb* est double de *adb*; ce qu'il faloit rouver.

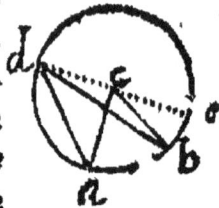

12. Tous les angles qui insistent sur vn mesme rc *ab* sont égaux, en quelque part e la circonference que leur poinе aboutisse. L'angle *aeb* est égal l'angle *adb*, parce que l'vn & autre est la moitié de l'angle *cb*, qui se feroit au centre *c*. 4. 11.)

13. L'angle au centre *a c e*, inſiſtant ſur la moitié de l'arc *a b*, ſur lequel inſiſte vn autre angle à la circonference *a d b*, eſt égal à ce meſme angle de la circonference. (4. 11.)

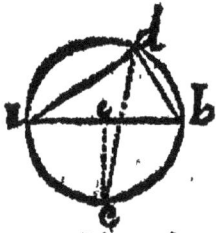

14. L'angle *a d b* qui inſiſte ſur la demi-circonference eſt droit ; car ſi *e* partage en deux la demi-circonference *a e b*, l'angle *a c e* ſera égal à l'angle *a d b* par la precedente. Or *a c e* eſt droit : (1. 15.) donc auſſi *a d b* eſt droit.

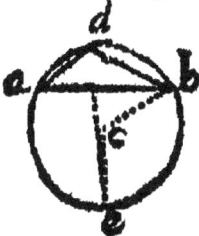

15. L'angle *a d b* qui eſt dans le petit ſegment eſt obtus, parce que l'arc *a e b* eſtant plus de la moitié de la circonference, l'arc *b e* qui eſt la moitié de l'arc *a e b*, aura plus de 90. degrez. Ainſi l'angle *a d b* qui eſt égal à l'angle *b c e*, (4. 13.) ſera de plus de 90. degrez ; c'eſt-à-dire, il ſera obtus.

16. L'angle *a d b* dans le grand ſegment eſt aigu, car il eſt égal à l'angle *a c e*. Or l'arc *a e b* eſtant moindre que la demi-circonference, l'arc *a e* qui eſt la moitié de *a e b*, aura moins de 90. degrez.

17. Si vne droite *g a b* touche le cercle au point *a*, & qu'vne autre ligne *a e* coupe le meſme cercle, l'angle *b a e* ſera égal à l'angle du ſegment *a b e* : & l'angle *e a g* ſera égal à l'angle de l'autre ſegment *a f e*. Car ſoit imaginée la perpendiculaire *a d* qui paſſera par le

centre *c*, (4. 5.) l'angle *a e d* sera droit : (4. 14.) & par consequent, puisque les trois angles d'vn triangle sont égaux à deux droits, (2. 9.) l'angle *e a d* avec l'angle *a d e* sera vn droit. Or ce mesme angle *e a d* avec *e a b* fait aussi vn droit, puisque *a d* est perpendiculaire à *a b*. Donc 'angle *e a b* est égal à l'angle *a d e*, & par con-equent à tout autre angle qui insistera sur le esme arc *a e*, & qui aboutira à quelque autre oint de la circonference, comme à l'angle *e b a*, uisque tous ces angles sont égaux entre eux. (4. 12.) Maintenant il faut prouver que l'angle *a g* est égal à l'angle *a f e*. Dans le triangle *e f*, l'angle *a f e* avec *f a e* & *f e a*, est égal à eux droits : or l'angle *fe a* est égal à *f a b*. (par ce qui vient d'estre prouvé dans cette esme proposition) Ainsi les deux angles *e a f f a b*, avec *a f e*, sont égaux à deux droits. ais les mesmes *e a f* & *f a b*, avec *e a g* sont ussi égaux à deux droits : (1. 20.) donc l'angle *a g* est égal à l'angle *e f a* ; ce qu'il faloit rouver.

18. Une figure rectiligne est dite *circonscrite* vn cercle, quand tous les ostez de cette figure touchent e cercle sans le couper. Le riangle *a c d* est circonscrit au ercle *b g f*, parce que cha-ue costé de ce triangle tou-e le cercle en *b*, en *g*, & en *f*.

19. Une figure est *inscrite* au cercle, quand tous es angles touchent la circonference, comme le riangle *a b c* de la figure suivante.

20. Tout triangle *a b c* peut estre inscrit ans vn cercle: car si l'on imagine deux lignes

e i, & *e h* qui coupent perpendiculairement, & par le milieu les costez *a b* & *b c*, on pourroit tirer vn cercle du point *e* comme du centre par le point *b*. Or je dis que ce cercle passera par les points *a* & *c*: car 1. les deux triangles *e i b* & *e i a* seront tout égaux, puisque le costé *i b* est égal au costé *i a* par l'hypothese, le costé *e i* est commun, l'angle vers *i* est droit de part & d'autre : donc (2. 11.) le costé *e b* est égal au costé *e a*. 2. Par mesme raison on prouvera que le costé *e c* est égal à *e b*, & par consequent le cercle, dont le centre seroit *e*, & le demi-diametre *e b*, passeroit par *a* & par *c*.

21. Tout triangle *a c d* peut estre circonscrit à vn cercle. Car si l'on imagine deux lignes *a e*, & *d e*, qui divisent en deux également les angles *a* & *d*; & puis des perpendiculaires sur les costez du triangle, sçavoir *e b*, *e f*, *e g*: je dis que si on tire vn cercle du centre *e* par *b*, ce cercle touchera les trois costez du triangle aux points *b*, *f*, *g*. Car 1. les deux triangles *a e b*, *a e f* sont tout égaux : car ils ont vn costé *a e* commun, vn angle vers *b* & *f* droit, vn autre angle vers *a* égal, puisque l'angle *b a f* a esté divisé en deux également : donc le costé *e b* est égal au costé *e f*. (2. 14.) 2. Par mesme raison on prouvera que *e g* est égal à *e f*. Et comme d'ailleurs ces lignes *e b*, *e f*, *e g* sont perpendiculaires sur les costez du triangle, le cercle *b f g* touchera ces costez en ces points. (4. 5.)

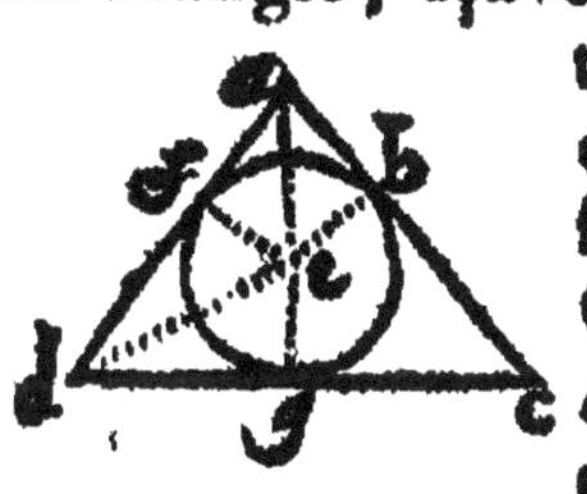

22. Tout quadrilatere *a f e d* inscrit dans vn

cercle, a les angles opposez égaux ensemble à deux droits. Car si par le point *a* on tire vne tangente *g a b*, & vne diagonale *a e*, l'angle *a f e* sera égal à l'angle *e a g*, (4. 17.) & l'angle *a d e* à l'angle *e a b*: (4. 17.) & par consequent, puisque les deux *e a b* & *e a g* sont égaux à deux droits, ces deux angles opposez *f* & *d* sont aussi égaux à deux droits. De mesme maniere on prouvera que les angles *f e d*, & *f a d* seront égaux à deux droits, si l'on imagine vne autre tangente par le point *f*.

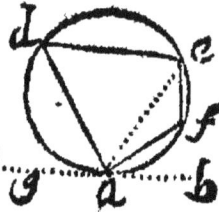

23. La converse de cette proposition est aussi manifeste; sçavoir, que tout quadrilatere dont les angles opposez sont égaux à deux droits, est inscrit dans vn cercle; c'est-à-dire, qu'il peut y avoir vn cercle qui touche tous ses quatre angles.

24. Tout polygone circonscrit à vn cercle est égal à vn triangle rectangle, dont vne jambe seroit égale au semi-diametre du cercle, & l'autre à toute la circonference du polygone. Soit la ligne F A égale au semi-diametre *f h*, & la perpendiculaire infinie A B C D, *&c.* sur laquelle soit prise A *h* égale à *a h*, & *h* B égale à *h b*, & B *i* égale à *b i*, & *i* C égale à *i c*, *&c.* afin

que toute la ligne *A B C D E A* soit égale à toute la circonference du polygone *a b c d e a*. De plus soit F F F parallele à A B, afin que toutes les perpendiculaires *h F*, *i F*, *k F*, *&c.* soient égales au demi-diametre *fh* ou *fi*, *&c.* il est clair que le triangle *A F B* sera égal au triangle *a f b*, & le triangle B F C au triangle *b f c*,

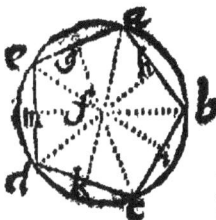

& C F D à *c f d*, *&c.* Ainsi tous ces triangles ensemble seront égaux à tout le polygone. Or le triangle F A A est égal à tous ces triangles ensemble, à cause qu'en tirant les lignes B F, C F, D F, *&c.* Le triangle F A B sera égal a *F A B*, & F B C à *F B C*, *&c.* (3.16.) Donc aussi tout le triangle F A A est égal au polygone ; ce qu'il faloit demonstrer.

25. Tout polygone regulier est égal à vn triangle rectangle, dont vne jambe seroit toute la circonference du polygone, & l'autre, la perpendiculaire tirée du centre sur vn des costez du polygone. La preuve en est la mesme que celle de la proposition precedente. Car toutes les perpendiculaires *f h*, *f i*, *f k*, *&c.* sont égales, *&c.*

26. Tout polygone circonscrit est plus grand que le cercle, & tout polygone inscrit est plus petit. Cela est manifeste, parce que ce qui contient est plus grand que ce qui est contenu.

27. *Le perimetre* (ou la circomference) de tout polygone circonscrit est plus grand que la circonference du cercle, & le perimetre de tout polygone inscrit est plus petit ; cela est aussi

manifeste par la 21. du second livre.

28. Si dans vn petit segment de cercle *a b c*, on inscrit vn triangle isoscele, en sorte que *a b* soit égal à *b c*; ce triangle sera plus grand que la moitié du segment. Car si on tire la tangente *e b d*, qui sera parallele à *a c*, car elle est perpendiculaire à *f b*, (4. 5.) à laquelle l'est aussi *a c*; (4. 6.) & si de plus on acheve le parallelogramme rectangle *a e d c*; celuy-cy sera plus grand que le segment du cercle *a b c*. Or le triangle *a b c* est la moitié du parallelogramme *a e d c*: (3. 18.) donc ce triangle *a b c* est plus grand que la moitié du segment *a b c*.

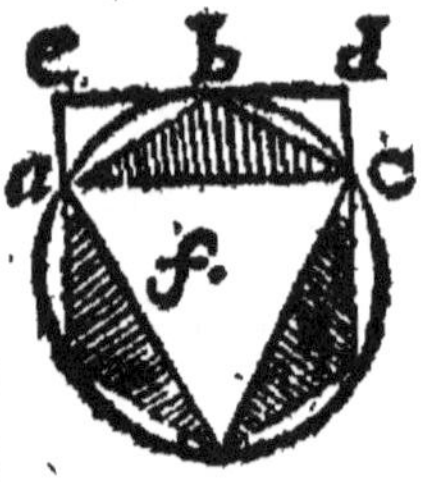

29. Soit la tangente *a d b*, & la secante *f c b*, & la droite *a c*, & vne autre tangente *c d*: je dis que le triangle *d b c* est plus de la moitié du triangle mixte, compris entre les droites *a b*, *c b*, & la circulaire *c a*: car dans le triangle *d b c* l'angle en *c* estant droit, (4. 5.) le costé *d b* sera plus grand que *d c*. (2. 19.) Or *d c* est égal à *d a*: (4. 7.) donc *d b* est plus grand que *d a*: donc le triangle *c b d* est plus grand que le triangle *c a d*: (3. 17.) donc il est plus grand que la moitié du triangle total *c b a*. Or ce triangle *c b a* est plus grand que le triangle mixte compris entre l'arc *a c*, & les droites *b c*, *b a*: donc aussi le triangle *d b c* est plus grand que la moitié du triangle mixte *a b c*.

30. De ces deux propositions il s'ensuit qu'en multipliant les costez des polygones reguliers, on en peut faire de circonscrits & d'inscrits,

en sorte que la difference, dont le circonscrit surpassera le cercle, ou dont le cercle surpassera l'inscrit, soit aussi petite que l'on voudra; parce que si de quelque quantité que ce soit, on oste plus de la moitié, & du *residu* encore plus de la moitié, & derechef plus de la moitié encore du residu, & ainsi plusieurs fois, on viendra enfin à laisser vn residu aussi petit que l'on voudra : ce qui est naturellement connu. Ainsi aprés avoir inscrit vn triangle, qui sera plus petit que le cercle de trois grands segmens, on peut inscrire vn hexagone, qui sera plus grand que n'estoit le triangle : mais qui sera encore plus petit que le cercle des six petits segmens qui sont icy blancs. Or ces six petits segmens tous ensemble ne contiennent pas tant d'espace, que la moitié des trois premiers segmens. Aprés quoy on peut encore inscrire vn dodecagone, qui sera surpassé par le cercle de douze petits segmens: mais tous ces douze ensemble ne valent pas la moitié des six segmens de l'hexagone; & ainsi on peut, en multipliant les costez des polygones, diminuer tant que l'on voudra la difference dont le cercle surpassera ce polygone inscrit. De mesme, aprés avoir circonscrit vn triangle, on peut circonscrire vn hexagone, & puis vn dodecagone, & vne figure de vingt-quatre costez, *&c.*

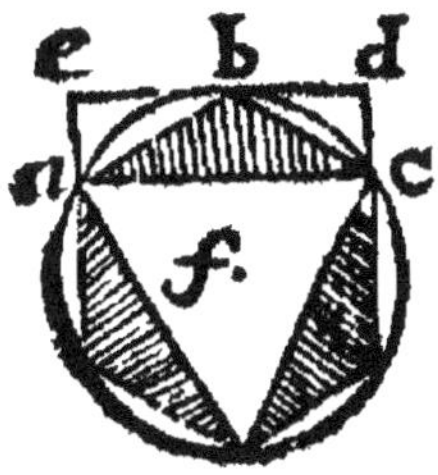

31. Tout cercle est égal à vn triangle rectangle, dont vne jambe est le demi-diametre, & l'autre vne ligne droite égale à la circonference du cercle. Car ce triangle sera plus grand que tout polygone inscrit, & plus petit que tout polygone circonscrit : (par la 24. 25. 26. &

27. du 4.) donc il ſera égal au cercle. Car s'il eſtoit plus grand, pour petite qu'en fuſt la difference, on pourroit faire vn polygone circonſcrit, dont la difference avec le cercle ſeroit moindre que la difference du meſme cercle avec ce triangle rectangle : ainſi ce polygone circonſcrit ſeroit plus petit que ce triangle ; ce qui eſt abſurde. De meſme ſi ce triangle eſtoit plus petit que le cercle, on pourroit faire vn polygone inſcrit qui ſeroit plus grand que ce triangle ; ce qui eſt impoſſible.

Cette ſorte de demonſtration que nous venons d'employer, & qu'on appelle de l'impoſſible, *eſt vne des plus belles inventions de l'antiquité : & toute la Geometrie* des indiviſibles *eſt fondée là-deſſus : de ſorte qu'il y a ſujet de s'étonner que quelques nouveaux Auteurs l'ayent rejettée comme defectueuſe & indirecte. Que ſi l'on en vient à ce point de delicateſſe, que de ne pouvoir ſouffrir vne demonſtration, ſi elle ne prouve directement & poſitivement ; il ſera fort aiſé de donner à celle-cy vn tour qui la rende reguliere & directe : car on n'a qu'à poſer pour principe*, que ſi deux quantitez determinées *a* & *b* ſont telles, que toute autre quantité imaginable, qui ſeroit plus grande ou plus petite que *b*, ſeroit auſſi plus grande ou plus petite que *a*, ces deux quantitez *a* & *b* ſont égales. *Et ce principe poſé, qui eſt en effet tres-manifeſte de ſoy-meſme, on prouvera directement que ce triangle eſt égal au cercle, puiſque toute figure imaginable (inſcrite) plus petite que le cercle, eſt auſſi plus petite que le triangle : & que toute figure (circonſcrite) plus grande que le cercle, eſt auſſi plus grande que le triangle.*

C'eſt ce qu'on appelle la quadrature du cercle,

qui ne consiste qu'à faire vn quarré, ou bien vn triangle, ou vne autre figure rectiligne égale au cercle; ce qu'on feroit si l'on pouvoit trouver vne ligne droite égale à la circonference, comme il paroist en cette proposition; mais cette égalité n'a jamais esté trouvée geometriquement.

32. Une ligne estant disposée en cercle, tiendra plus d'espace qu'en toute autre figure polygone reguliere que ce soit. Si la circonference du cercle *abcd* se dispose en quarré, ou en quelque autre polygone regulier, en sorte que tous les costez *eg*, *gh*, *hi*, *ie*, ensemble soient égaux à la circonference *abcd*; je dis que tout ce cercle sera plus grand que le polygone. Car le cercle est égal au triangle, dont vn costé est la circonference, & l'autre costé est le semi-diametre *fa*; & le polygone est égal au triangle dont vn costé est aussi la mesme circonference *abcd*, ou les costez *eghi*, & l'autre costé est *fo*. (4. 25.) Et comme *fo* est plus petit que *fa*, tout ce second triangle égal au polygone sera plus petit que le premier triangle égal au cercle: & par consequent ce polygone sera plus petit que le cercle, ce qu'il faloit prouver.

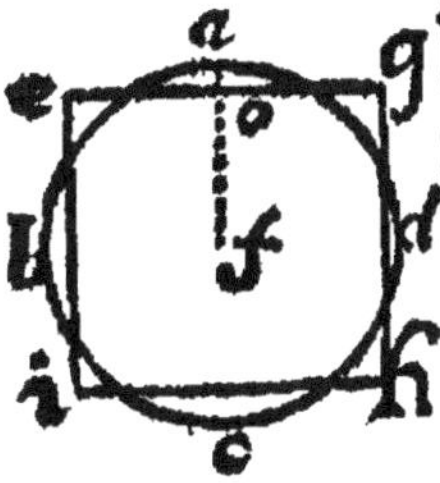

C'est ce qu'on entend, quand on dit communément, que de toutes les figures isoperimetres, ou qui ont les circonferences égales, la plus grande est le cercle.

LIVRE CINQUIEME.

Des Solides.

1. VNE ligne droite est dite simplement *droite* sur vn plan, ou *erigée* sur vn plan à *angles droits*, lorsqu'elle n'est point inclinée sur ce plan plus d'vn costé que d'vn autre, comme vne colonne sur le pavé.

2. Deux plans sont paralleles, quand toutes les perpendiculaires ou droites, tirées entre les deux plans, sont égales.

3. Un plan est perpendiculaire ou *droit* sur vn autre plan, quand il n'est pas incliné ou panché plus d'vn costé que d'autre, comme vne muraille sur le sol.

4. *L'Angle solide* se fait, quand trois ou plusieurs plans se joignent en aboutissant à vn point, comme la pointe d'vn diamant bien taillé.

5. Si l'on imagine la ligne *a b* fixe au point *a*, & qu'elle soit meuë tout le long des costez d'vn polygone *b c d*, cette ligne par ce mouvement décrira vne figure qui s'appelle *Pyramide*.

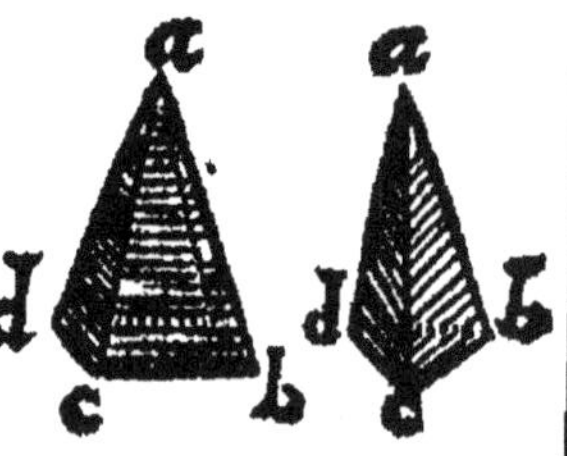

6. Le polygone s'appelle la *base* de la pyramide.

7. Si la ligne *a b* se meut le long d'vn cercle *b c d*, elle décrit vn *Cone*, dont ce cerle est la *base*; & la ligne tirée de la pointe *a* au centre du cercle *e* est l'*axe*.

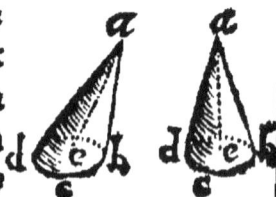

8. Si la ligne *a b* se meut vniformement autour de deux polygones *b c d*, *a f g*, qui soient tout-à-fait égaux, ayant leurs costez & leurs angles égaux mutuellement, & que ces polygones soient paralleles, en sorte que les costez égaux se répondent parallelement, *a f* à *b c*, *f g* à *e d*, *&c.* alors cette ligne par son mouvement fera vne figure qui s'appelle *Prisme*; & les polygones en sont les *bases*.

9. Si les bases du prisme sont des parallelogrammes, il s'appelle *Parallelepipede*.

10. Si la ligne *a b* se meut vniformement autour de deux cercles égaux & paralleles, elle décrit vn *Cylindre*.

11. La ligne qui joint les centres *e e* des bases, est l'*axe* du cylindre.

12. Dans toutes ces figures, lorsque l'axe est perpendiculaire sur la base *d e c*, les figures sont appellées Isosceles; mais si l'axe est incliné, elles sont Scalenes.

13. Si vn demi-cercle *a d b* tourne autour de son diametre *a b*, il décrit vne *Sphere* ou vn globe, dont l'*axe* est *ab*: le *centre c*, le mesme que celuy du demi-cercle. Toute ligne tirée par le centre *c*, & terminée de part & d'autre par la surface de la sphere, s'appelle *Diametre*, & peut estre dite *Axe*.

14. Toutes lignes tirées du centre *c* à la circonference s'appellent *Rayons*, & sont égales entre elles.

15. Deux lignes droites qui se touchent en se croisant, sont en mesme plan, & par consequent tout triangle est aussi en mesme plan.

16. Si deux plans *edb*, & *dba* se coupent, ils se coupent en vne ligne droite *db*, qui s'appelle la *commune section*.

17. Si vne ligne *cd* est perpendiculaire à deux lignes *fd* & *gd* qui sont dans le plan *fgd*, elle sera aussi perpendiculaire au plan.

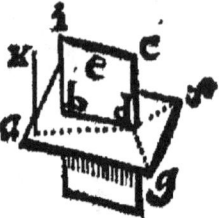

18. Si vne ligne *cd* est perpendiculaire à trois *fd*, *gd*, *ad*, ces trois lignes sont en mesme plan.

19. Si deux lignes *dc*, *bi* sont perpendiculaires au mesme plan *fdb*, elles seront paralleles.

20. Si deux lignes *dc*, *bi* sont paralleles, & qu'on tire quelque autre ligne droite de quelque point que ce soit d'vne ligne à l'autre, comme *db*, ces trois lignes seront en mesme plan.

21. Si deux lignes *dc*, *bi* sont paralleles à vne troisiéme *ak*, encore qu'elles ne soient pas en vn mesme plan, elles sont paralleles entre elles.

22. Si vne mesme ligne *ab* est perpendiculaire a deux plans *cd* & *ef*, ils sont paralleles.

23. Si deux plans paralleles *dhg*, *aef* sont coupez par vn troisiéme *i*, les communes sections *hg*, *fe* seront paralleles.

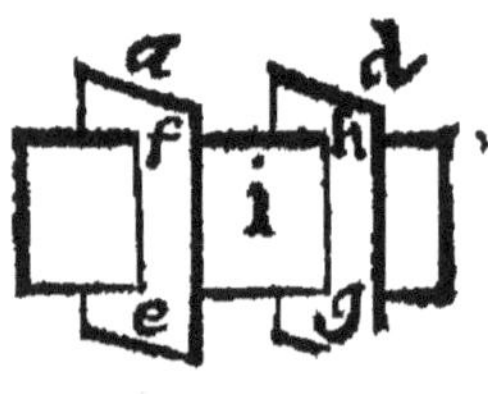

Toutes ces propositions sont si manifestes, pour peu d'attention qu'on apporte à les considerer, qu'il n'est pas necessaire de s'arrester à les prouver.

24. Si vn angle ſolide eſt fait de trois angles plans, deux de ces angles ſont toûjours plus grands que le troiſiéme.

25. Tous les angles plans qui font vn angle ſolide, ſont enſemble plus petits que quatre droits. Car s'ils faiſoient quatre droits, ils feroient non vn angle ſolide, mais vn meſme plan. Donc afin qu'ils puiſſent faire vn angle ſolide, il faut qu'ils ſoient moindres que quatre droits.

Je conſeille de faire avec du carton des angles, & des figures, & par ce moyen on comprendra aiſément ces choſes.

26. En tout parallelepipede les plans oppoſez ſont égaux; ceci eſt aiſé à comprendre.

Les huit propoſitions ſuivantes ſe demonſtreront dans la ſeconde partie de ces Elemens. Elles ſe peuvent neantmoins ici demonſtrer, en appliquant aux ſolides ce qui a eſté prouvé dans les plans au 3. & 4. livre; mais il n'eſt pas beſoin de s'y arreſter.

27. Les parallelepipedes qui ſont ſur des baſes égales, & entre les meſmes plans paralleles, ſont égaux. (voyez 3. 14.)

28. Tout parallelepipede eſt partagé en deux priſmes triangulaires égaux par le plan qui paſſe par les deux diametres paralleles des deux faces oppoſées.

29. Les priſmes triangulaires qui ſont ſur des baſes égales, & entre les meſmes paralleles, ſont égaux.

30: Les pyramides qui ſont ſur des baſes égales, & entre les meſmes paralleles, ſont égales.

31. Tous priſmes generalement, tous cylindres, & tous cones qui ſont ſur des baſes égales, & entre les meſmes paralleles, ſont égaux.

32. Les pyramides & les cones qui ſont ſur des

bases égales aux bases des prismes & des cylindres, & qui sont entre les mesmes paralleles, sont le tiers de ces prismes ou de ces cylindres.

33. Toute la sphere est égale à vn cone, dont l'axe perpendiculaire est le demi-diametre de la sphere, & la base est vn plan égal à toute la circonference convexe de la mesme sphere.

34. De toutes les figures solides que peut renfermer vne mesme surface, la plus grande est la sperique.

35. *Corps regulier* est celuy qui est compris entre des figures regulieres & égales, duquel aussi tous les angles solides sont égaux, comme sont

36. Le *Tetraëdre* compris sous quatre triangles égaux & equilateraux : c'est vne pyramide dont la basse est égale à chaque face.

37. L'*Hexaëdre* ou *Cube* composé de six quarrez égaux : comme vn dé à jouër.

38. L'*Octaëdre* est de huit triangles égaux & equilateraux.

39. Le *Dodecaëdre*, de douze pentagones égaux & equilateraux.

40. L'*Icosaëdre* de vingt triangles égaux & equilateraux.

41. Outre ces cinq corps reguliers, il n'est pas possible d'en trouver d'autres; ce qu'on demonstre ainsi.

On prend des triangles equilateraux, qui sont les figures les plus simples de toutes les rectilignes. Il en faut pour le moins trois pour faire vn angle solide; or ayant joint trois de ces triangles pour en faire vn angle, on trouve justement le tetraëdre : car ces trois triangles aboutissant en vn point, laissent vne base triangulaire semblable & égale aux faces, comme l'on voit dans la seule composition.

Joignant quatre de ces triangles, on fait l'angle de l'octaëdre.

Avec cinq de ces triangles on fait l'angle de l'icosaëdre.

Six de ces triangles joints ensemble ne peuvent point faire d'angle solide, car ils sont égaux à quatre droits. Or tout angle solide est fait par des angles plans, qui tous ensemble doivent estre moindres que quatre droits : (25.) ainsi il n'est pas possible de faire avec des triangles d'autres corps reguliers que ces trois.

Prenant maintenant des quarrez, & en joignant trois ensemble, on aura l'angle du cube, & on ne sçauroit faire d'autre corps que le cube avec des quarrez, parce que si l'on prenoit quatre quarrez, & qu'on les joignist ensemble, on ne feroit plus vn angle solide, mais vn seul plan. (25.)

Prenant trois pentagones, on fera l'angle du dodecaëdre : mais quatre pentagones ne peuvent faire vn angle solide.

Enfin trois hexagones joints ensemble remplissant tous les quatre angles droits, ne peuvent faire d'angle solide, & trois heptagones, ou d'autres figures de plus de costez le pourroient faire encore moins : ainsi en tout on ne peut faire que ces cinq corps reguliers, trois avec des triangles, vn avec des quarrez, & vn avec des pentagones.

LIVRE SIXIEME.

Des Proportions.

1\. QUAND on parle de *Grandeur*, & qu'on dit qu'vne quantité est *grande*, on fait toûjours quelque comparaison de cette quantité avec quelque autre de mesme nature, à l'égard de laquelle elle est dite *grande*. Ainsi nous disons d'vne montagne, qu'elle est petite, & d'vn diamant qu'il est grand, parce que nous comparons cette montagne avec les autres montagnes, en comparaison desquelles elle est *petite* : & que de mesme nous comparons ce diamant avec les autres diamans, en comparaison desquels nous disons que celuy-cy est *grand*.

2\. Quand on considere ainsi vne quantité en la comparant à vne autre pour voir quelle *grandeur* elle a en comparaison de cette autre, la grandeur que l'on trouve qu'a cette quantité ainsi en comparaison de l'autre, s'appelle *Raison*, quoy-que pour se faire mieux entendre il falust dire *Comparaison*.

3\. La quantité qu'on compare à vne autre s'appelle l'*Antecedent*, & cette autre *le Consequent*.

4\. Quand de plus on considere quatre quantitez, & qu'on les compare deux à deux *a* 4 avec *b* 2, & *c* 6 avec *d* 3 ; si l'on trouve que *a* a autant de *grandeur* en comparaison de *b*, que *c* en a en comparaison de *d* : alors on dit que ces raisons sont égales ; c'est-à-dire que la raison d'*a* à *b* est égale à la raiſon de *c* à *d*; & que comme *a* a deux fois autant de grandeur que *b*, *c* auſſi a deux fois autant de grandeur que *d*.

4 6 5 2 3 a b c d e

5. Mais ſi l'on trouve que *a* 4 ait plus de grandeur en comparaiſon de *b* 2, que *c* 6 n'en a en comparaiſon de *e* 5: par exemple, ſi l'on trouve que *a* 4 ayant deux fois autant de grandeur que *b* 2, *c* 6 n'en a pas deux fois autant que *e* 5; alors on dit que ces raiſons ſont inégales, & qu'*a* a *plus grande raiſon* à *b*, que *c* à *e*; de ſorte qu'*avoir plus grande raiſon* n'eſt autre choſe qu'avoir plus de grandeur en comparaiſon d'vne ſeconde quantité, qu'vne troiſiéme n'en a en comparaiſon d'vne quatriéme.

6. L'égalité de raiſons s'appelle *Proportion*; & quand on trouve que de quatre quantitez la premiere a autant de grandeur à raiſon de la ſeconde, que la troiſiéme en a à raiſon de la quatriéme, alors on dit que ces quatre quantitez ſont *proportionelles*.

Pour mieux faire comprendre tous les myſteres des proportions, qui paſſent pour les plus difficiles de la Geometrie, comme ils en ſont ſans contredit les plus importans, je vais les expliquer par vn exemple qui tout ſeul rendra à mon avis fort intelligibles des choſes qui d'ailleurs paroiſſent aſſez embarraſſées.

7. Imaginons le cercle *b* A *d* décrit par le mouvement de la ligne *a b* autour du point *a*; & de meſme ſoit le cercle *c A e* décrit par le mouvement d'vn point *c* qui ſe trouve dans la ligne *a c b*; imaginons derechef que cette meſme ligne *a c b* tourne encore vne autre fois & ſe meut juſqu'en *a c d*, l'arc *b* B *d* ſoit appellé B; l'arc *c* D *e* ſoit appellé D; tout le cercle *b* B A ſoit nommé A; tout le cercle *c* D *A* ſoit nommé *A*: maintenant ſi nous comparons

d'vne part tout le cercle A à l'arc *B*; & de l'autre tout le cercle *A* à l'arc *D*; nous trouverons manifestement que le cercle A a autant de grandeur à raison de l'arc *B*, que le cercle *A* en a à raison de l'arc *D*; & que si *B* est la quatriéme ou la sixiéme partie du cercle A, *D* aussi sera la quatriéme ou la sixiéme partie du cercle *A*: ce qui s'énonce de la sorte, *comme* A *est à* B, *ainsi A est à D*, & pour abreger nous le marquerons ainsi A. *B* : : *A*. *D*.

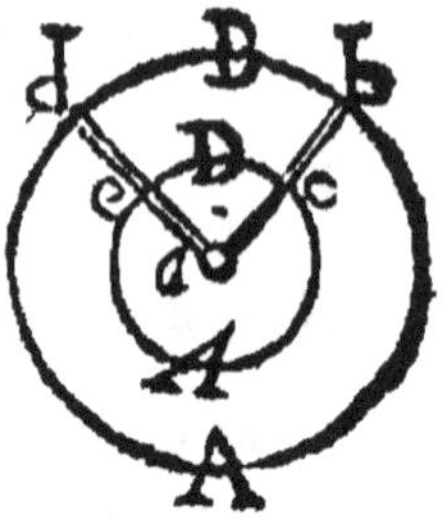

8. Si maintenant nous renversons comparant *B* à A, & *D* à *A*, nous trouverons aussi manifestement que *B*. A : : *D*. *A*. de sorte que supposé que A. B : : *A*. D, nous tirons incontinent vne conclusion qu'on appelle *invertendo*: donc *B*. A : : *D*. *A*.

9. Que si nous faisons vn échange en comparant vn antecedent avec l'autre antecedent, & de mesme vn consequent avec l'autre consequent, nous conclurons *alternando*, donc A. *A* : : B. *D*. Et ceci est bien manifeste : car si tout le cercle A est double ou triple (ou en quelque autre raison que ce soit) du cercle *A*, l'arc B sera aussi double ou triple (ou enfin en mesme raison) de l'arc *D*. Ceci, dis-je, est manifeste, puisque les deux cercles A & *A* sont décrits par le mouvement de la ligne *a c b*, en sorte que *b* décrivant tout le cercle A, *c* décrit tout le cercle *A*, & *b* décrivant l'arc B, *c* décrit aussi l'arc D, & cela par vn commun mouvement circulaire, sinon que le point *c* se mouvant plus lentement que le point *b*, il décrit aussi vn cercle plus petit à proportion de la lenteur : & de mesme lorsque le point *b* aura décrit l'arc B, le point *c* aura pareillement décrit l'arc D, qui sera plus petit à proportion de sa lenteur.

10. Si nous comparons les differences des ante-

cedens & des conſequens avec les conſequens; par exemple A moins B, avec B, & *A* moins D, avec D, nous trouverons encore qu'il y a proportion, & que A moins B. B : : *A* moins D. D; car il eſt bien manifeſte que l'arc *b* A *d* (qui eſt A moins B) eſt à l'arc B, comme l'arc *c A e* (qui eſt *A* moins D) eſt à l'arc D : & ceci s'appelle *dividendo*.

11. Si nous joignons les antecedens avec les conſequens, nous trouverons que A plus B. B : : *A* plus D. D; ce qui s'appelle *componendo*.

12. Que ſi nous concluons que A. A moins B : : *A*. *A* moins D, cela s'appellera *convertendo*.

13. Si nous prenons pluſieurs quantitez qui ſoient proportionnelles deux à deux comme B. *f* : : D. *i* & *f*. *g* : : *i*. *n*, *&c.* alors nous pouvons conclure, en prenant les premieres & les dernieres, que B. *g* : : D. *n*; ce qui s'appelle *ex æquo ordonné*.

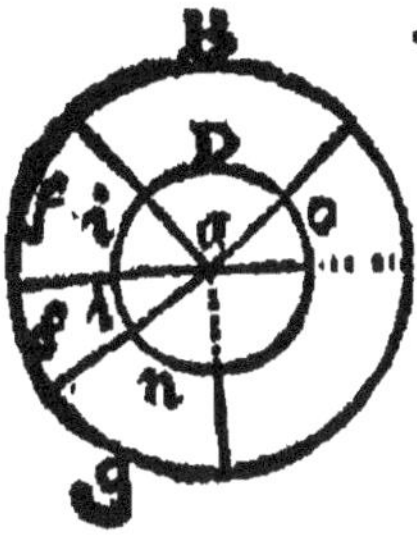

14. Mais ſi aprés avoir pris *f*. *g* : : *o*. D, c'eſt-à-dire, comme la penultiéme à la derniere dans le premier rang : : ainſi quelque autre quantité *o* à la premiere du ſecond rang, on conclud : donc B. *g* : : *o*. *i*; c'eſt-à-dire, comme la premiere à la derniere dans le premier rang : ainſi cette autre quantité *o* à la penultiéme du ſecond rang : alors cela s'appelle *ex æquo troublé*. Or cela ſe peut toûjours conclure : car puiſque *f*. *g*, ou bien *i*. *n* : : *o*. D. il ſera auſſi *alternando & invertendo* *o*. *i* : : D. *n*, ou bien : : B. *g*.

15. Si l'on prend B. autant de fois que D, par exemple 3 B & 3 D, nous conclurons que B D : : 3 B. 3 D. Et de meſme : : 10 B. 10 D. ou bien : : 12 $\frac{1}{2}$ B.

à $12\frac{1}{2}$ D; & ainsi de quelque autre maniere qu'on multiplie ces deux grandeurs B. & D. pourveu qu'on les multiplie également, il y aura toûjours mesme raison entre ces grandeurs également multipliées, qu'entre ces grandeurs simples. Et ces grandeurs ainsi également multipliées s'appellent *Equimultiples* des simples B. & D, & l'on dit que les *Equimultiples* sont entre elles comme les simples.

16. Si l'on partage B en mesme façon que D, & qu'on prenne par exemple vne quatriéme partie de B, & vne quatriéme partie de D, ou bien vne dixiéme de B, & vne dixiéme de D, ou telle autre partie semblable ; ces parties auront mesme raison entre elles que les totales. $B : D :: \frac{1}{3} B : \frac{1}{3} D :: \frac{1}{10} B : \frac{1}{10} D$. *&c.* Tout cela est naturellement connu.

17. *Multiplier* vne ligne par vne autre ligne c'est faire vn parallelogramme rectangle, qui ait pour les deux costez contigus ces deux lignes. Par exemple on multiplie la ligne A par la ligne B, en faisant le rectangle *abdc*, en sorte que *ab* ou *cd* soit égal à A, & *bd*, ou *ac* soit égal à B.

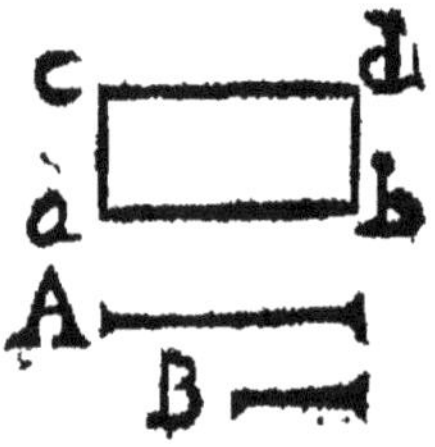

18. Multiplier vn rectangle ou vne autre surface par vne ligne, c'est faire vn parallelepipede rectangle (5.9.) dont la base soit cette surface, & la hauteur perpendiculaire soit cette ligne. Par exemple, on multiplie la surface *abdc* par la ligne E, en faisant le solide *abfgh*, *&c.* en sorte que sa base soit la surface *ad*, & sa hauteur *ae* ou *bf*, égale à E.

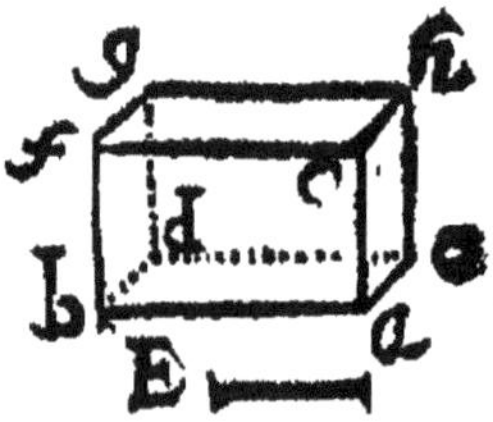

19. Pour bien concevoir ces multiplications, il faut imaginer deux lignes, comme si elles avoient

quelque largeur, & diviser toute leur longueur en de petits quarrez, comme vous voyez en ces figures, où A est vne ligne, ou plûtost vne regle composée de trois petits quarrez, & B est vne autre regle composée de quatre petits quarrez de mesme largeur que les trois d'A. Maintenant donc multiplier A par B, ou B par A, c'est prendre la regle B autant de fois qu'il y a de quarrez dans A, ou bien prendre A autant de fois qu'il y a de quarrez en B; ce qui revient au mesme. Ainsi B pris trois fois fait le premier rectangle, qui comprendra douze quarrez: & A pris quatre fois fera le second rectangle, qui comprendra aussi douze quarrez, & sera tout-à-fait égal au premier.

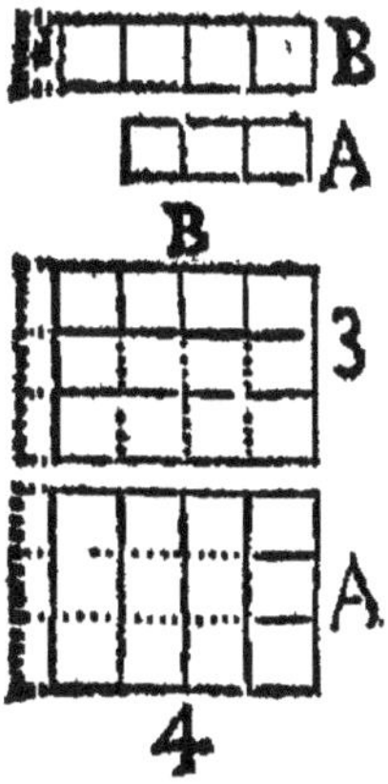

20. Il faut prendre garde que la mesme multiplication se fait encore, bien que dans la longueur de la ligne il ne se trouve point precisément vn certain nombre de petits quarrez; mais que si dans A, par exemple, il y a trois quarrez, & que dans B il y en ait quatre & demy, ou quatre, & telle autre partie, ou tel autre excés qu'on voudra, marqué icy *d*; on n'a qu'à prendre B trois fois pour multiplier B par A, & l'on aura le premier rectangle composé de douze quarrez, & de trois de ces excés *d*. Et de mesme multipliant A par B, c'est-à-dire, prenant A quatre fois & demi, ou bien quatre fois avec tel autre excés *d*, on aura le second rectangle composé aussi de douze quarrez & de trois *d*.

21. Que si l'on imagine que la ligne B se retressit de la moitié, en sorte que sa longueur demeurant toûjours la mesme, il se trouve qu'elle ait

ait huit petits quarrez, (c'est-à-dire, que sa longueur soit huit fois aussi grande que sa largeur) il se trouvera aussi que retrecissant de mesme la largeur d'A, il y aura dans A six petits quarrez : de sorte que si l'on multiplie maintenant B par A, ou A par B, il se fera deux rectangles tout-à-fait égaux aux deux precedens. Car B pris six fois, fait le premier rectangle composé de quarante-huit petits quarrez, & A pris huit fois, fait le second rectangle composé aussi de quarante-huit quarrez: & ces quarante-huit quarrez ne valent ni plus ni moins que les douze des rectangles precedens, parce qu'vn de ces douze en vaut quatre de ces quarante-huit, comme il paroist dans la figure mesme. Ainsi quelque petite largeur que l'on donne à ces lignes, quand on les retressiroit à l'infini, il est manifeste que les rectangles qu'elles feront estant multipliées l'vne par l'autre, seront toûjours les mesmes. De sorte que l'on peut prendre hardiment les lignes comme indivisibles, & les multiplier en faisant d'elles vn rectangle, puisque jamais la grandeur de ce rectangle ne varie, quelque petitesse que l'on donne à la largeur des lignes.

B

A

B

6

A

8

22. Il est fort aisé d'appliquer tout ceci à la multiplication des solides : mais au lieu de quarrez, il faut imaginer des cubes : car si l'on pense vne surface composée de douze cubes, & d'vn autre costé, si l'on pense de plus vne ligne composée de deux cubes, on multipliera la surface douze par la ligne deux, en prenant cette mesme surface autant de fois qu'il y a de petits cubes dans la ligne, c'est-à-dire, deux fois, & alors il se fera vn solide

composé de vingt-quatre petits cubes.

23. De tout ceci il paroist que ces petits quarrez & ces petits cubes sont dans la multiplication des lignes & des surfaces ce que les vnitez sont dans la multiplication des nombres : car multiplier vn nombre par vn autre, par exemple, 3 par 5, c'est prendre 3 autant de fois qu'il y a d'vnitez en 5, ou bien prendre 5 autant de fois qu'il y a d'vnitez en 3; ce qui produit quinze. Ainsi multiplier vne ligne par vne autre, c'est prendre vne de ces lignes autant de fois qu'il y a de quarrez dans l'autre ; & multiplier vne surface par vne ligne, c'est prendre cette surface autant de fois qu'il y a de cubes dans la ligne.

Dans vn autre endroit on parlera des multiplications de surfaces par des surfaces, ou par des solides, d'où resultent des composez qu'on appelle de plus de trois dimensions.

24. Toutes grandeurs se peuvent exprimer par des lignes : comme, si vne grandeur est double ou triple d'vne autre, ou en telle autre raison qu'on voudra, on n'a qu'à prendre deux lignes, dont l'vne soit double ou triple de l'autre, ou en telle autre raison semblable à la raison des grandeurs. Ainsi pour exprimer deux temps, par exemple, vne heure & deux heures, ou bien deux vistesses, dont l'vne soit double de l'autre, je n'ay qu'à prendre deux lignes *a* double de *b*, & je pourray dire qu'*a* represente deux heures, ou la grande vistesse, & *b* represente vne heure, ou la petite vistesse, & agir sur ces deux lignes comme je ferois sur les heures, *&c.*

25. Pour connoistre la proportion des rectangles il faut connoistre la raison de la longueur de l'v à la longueur de l'autre, & de plus la raison d

la largeur de l'vn à la largeur de l'autre : par exemple, pour connoistre quelle raison a le rectangle *ac* au rectangle *eg*, il ne suffit pas de sçavoir que la longueur *ab* est triple de *eh*; mais de plus, il faut aussi sçavoir que *ad* est double de *ef*: car si l'on prend *ai* égal à *ef*, le rectangle *bi* sera triple du rectangle *eg*, puisque *ab* est triple de *eh*, & *ai* égal à *ef*. Et de plus, comme *id* est encore égal à *ai*, ou à *ef*, (puisqu'on suppose que *ad* est double de *ai*, ou de *ef*,) le rectangle *ic* sera aussi triple du rectangle *eg*. Ainsi tout le rectangle *ac* est deux fois triple du rectangle *eg*, c'est-à-dire, sextuple, ou qu'il contient six fois le rectangle *eg*. Ce que j'ay dit de la raison double & triple des largeurs & des longueurs, se doit aussi entendre de toute autre raison que ce soit : car si *ab* est quatruple de *eh*, & *ad* triple de *ef*, le rectangle *ac* sera trois fois quatruple du rectangle *eg*, c'est-à-dire que *ac* sera dodecuple de *eg*, ou le contiendra douze fois. Mais si *ab* est dodecuple de *eh*, & que *ef* soit triple de *ad*, alors il se fait vne certaine compensation. Car si ayant égard aux seules largeurs *ab* & *eh*, le rectangle *ac* a de l'avantage & égale l'autre douze fois ; d'autre part neanmoins il perd cét avantage dans les hauteurs *ad* & *ef*, où le rectangle *eg* doit égaler l'autre trois fois. Comparant donc l'avantage & le desavantage, le rectangle *ac* estant d'vne part douze fois aussi grand, & d'autre part trois fois aussi petit, reste qu'il soit seulement quatre fois aussi grand que *eg*.

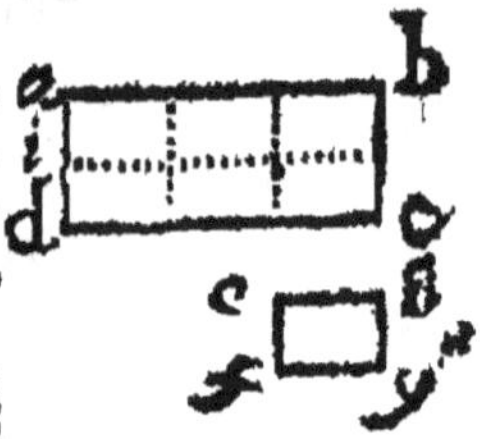

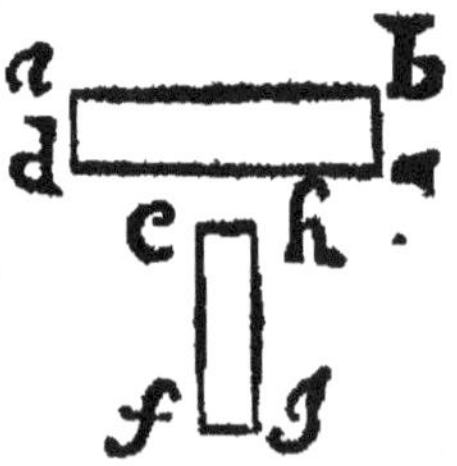

26. C'est ce qu'on entend lorsqu'on dit que les

rectangles sont en *raison composée* de leurs costez : car si *ab* est triple de *eh*, & *ad* double de *ef*, le rectangle *ac* aura au rectangle *eg* vne raison composée de triple & de double ; c'est-à-dire qu'il sera deux fois triple, ou trois fois double, ou en vn mot sextuple. De mesme si *ab* est quadruple de *eh*, & *ad* triple de *ef*, ce rectangle *ac* aura au rectangle *eg* vne raison composée de quadruple & de triple, en sorte qu'il sera trois fois quadruple, ou quatre fois triple, ou en vn mot dodecuple. De mesme si *ab* est dodecuple de *eh*, & *ad* subtriple de *ef*, (c'est-à-dire que *ef* soit triple de *ad*) la raison du rectangle *ac* au rectangle *eg* sera composée de la raison dodecuple & de la raison subtriple, en sorte que *ac* sera douze fois subtriple, ou subtriplement dodecuple, ou en vn mot quadruple de *eg*.

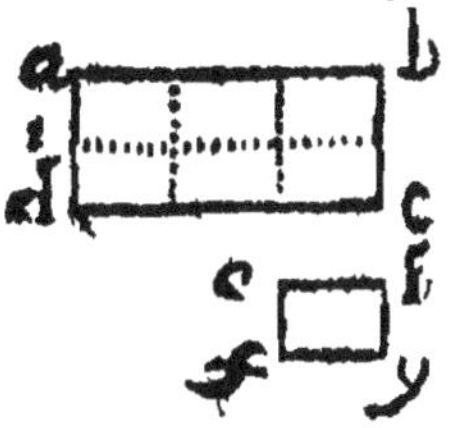

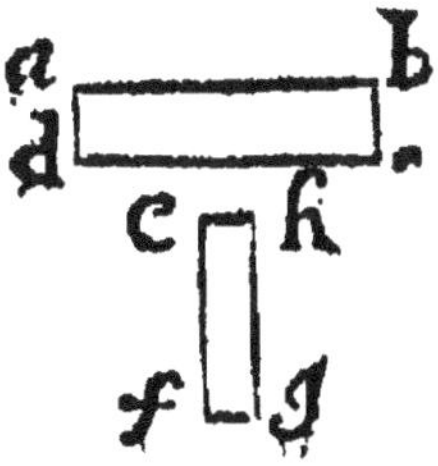

Si on prend douze fois la troisiéme partie d'vn escu, on fait quatre escus, de sorte que quatre escus sont douze fois subtriples d'vn escu, c'est-à-dire, sont douze fois la troisiéme partie d'vn escu.

27. De là il paroist que si les costez de deux rectangles sont reciproquement proportionnels, les rectangles sont égaux : car si *ab* est double de *eh*, & que reciproquement *hg* soit double de *bc*, ou bien si *ab* est triple de *eh*, & *hg* triple de *bc*, ou enfin si quelque raison qu'ait *ab* à *eh*, *hg* ait aussi cette mesme raison à *bc*, il est bien manifeste que d'autant que le rectangle *ac* surpasse l'autre en longueur, d'autant aussi est-il surpassé en largeur. Ainsi la longueur compensant la

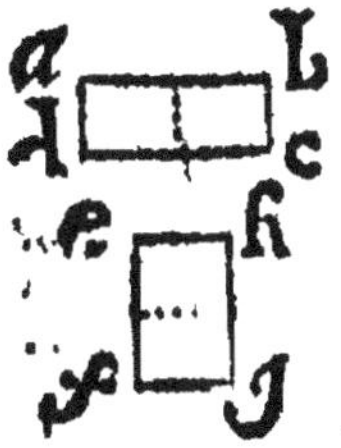

largeur, l'vn & l'autre est égal : d'où l'on tire cette proposition tres-importante. . . .

28. S'il y a quatre grandeurs proportionnelles, ce qui provient de la multiplication des deux moyennes est tousjours égal à ce qui provient de la multiplication des deux extrémes ; comme si *ab. eh* : : *hg. bc*, je dis qu'en multipliant les extrémes *ab* par *bc*, pour en faire le rectangle *ac*, & en multipliant les moyennes *eh* par *hg*, pour en faire le rectangle *eg*, ces deux rectangles *ac* & *eg* seront égaux. (6. 27.) Ce qui se fait par lignes & par rectangles, se fait aussi par quelque autre grandeur que ce soit, puisque toutes grandeurs se peuvent exprimer par lignes, & toutes multiplications de grandeurs par multiplications de lignes, c'est-à-dire, par des rectangles. (6. 24.)

29. Lorsque les rectangles ont leurs costez proportionnels, en sorte que *ab. eh* : : *ad. ef*, on dit alors que le rectangle *ac* est au rectangle *eg*, en *raison doublée* de la raison de leurs costez : car la raison de *ac* à *eg*, est composée de la raison de *ab* à *eh*, & de la raison de *ad* à *ef*. (6. 26.) Or la raison de *ab* à *eh* est ici (par l'hypothese) la mesme que la raison de *ad* à *ef* : ainsi pour avoir la raison de *ac* à *eg*, il suffit de prendre deux fois la raison de *ab* à *eh*. Par exemple, si *ab* est double de *eh*, & *ad* double de *ef*, le rectangle *ac* sera deux fois double, c'est-à-dire, quadruple du rectangle *eg* ; & si *ab* est triple de *eh*, & *ad* triple de *ef*, *ac* sera trois fois triple de *eg*, c'est-à-dire, noneuple ; & si *ab* est quadruple de *eh*, *ac* sera quatre fois quadruple, c'est-à-dire, sexdecuple de *eg*.

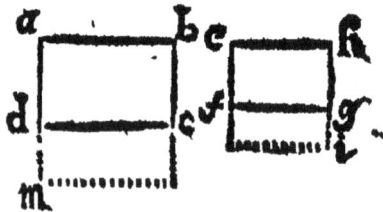

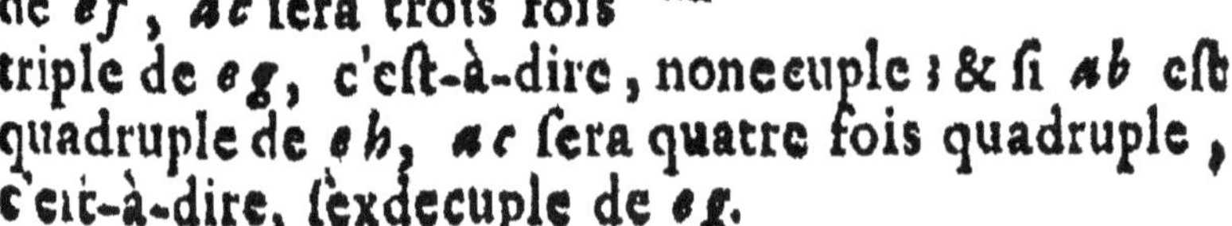

30. Ces rectangles qui ont ainsi leurs costez proportionnels *ab. eh :: ad. ef*, s'appellent *semblables*.

31. Dans les rectangles semblables les costez *homologues* sont ceux qui se répondent dans la proportion, comme *ab* & *eh*, ou bien *ad* & *ef*: car si *ab* est le plus grand costé du rectangle *ac*, *eh* sera aussi le plus grand costé du rectangle *eg*.

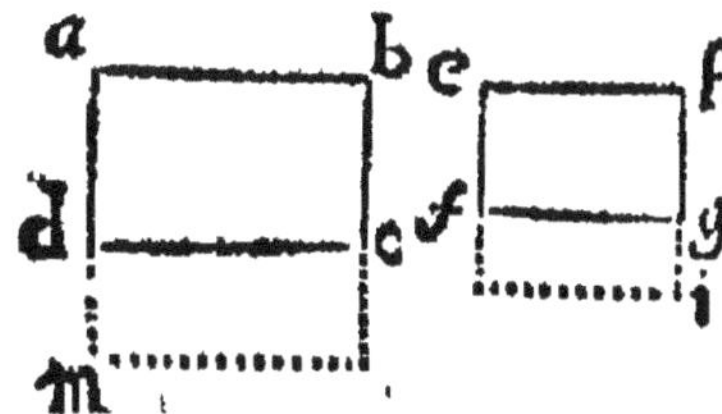

32. Tous les quarrez sont des rectangles semblables : car il est bien manifeste que si *ab* est double ou triple, &c. de *eh*, *am* sera aussi double ou triple de *hi*, puisque *am* est égal à *ab*, & *hi* à *eh*.

33. Tous les rectangles semblables sont entre eux, comme les quarrez bastis sur leurs costez homologues. Je dis que le rectangle *ac* est au rectangle *eg*, comme le quarré *bm* au quarré *ei*: car tant ces quarrez que ces rectangles, sont entre eux en raison doublée de *ab* à *eh*. (6.29.32.)

34. Pour connoistre la raison de deux solides parallelepipedes rectangles, il faut connoistre la raison de la base de l'vn à la base de l'autre, & de plus la raison de la hauteur de l'vn à la hauteur de l'autre, parce que la raison de tout vn solide à l'autre est composée des raisons des longueurs, largeurs & hauteurs ; ce qui est aisé de comprendre à qui aura compris ce qui a esté dit des raisons des rectangles. Car si vn parallelepipede a sa base double de la base d'vn second parallelepipede, & la hauteur triple de la hauteur, le premier parallelepipede sera deux fois triple, ou trois fois double, ou en vn mot sextuple du second.

35. Si les bases de deux parallelepipedes rectangles sont reciproquement comme leurs hauteurs ; les parallelepipedes sont égaux ; cela se prouve comme la vingt-septiéme de ce livre : car d'autant que l'vn surpasse l'autre en largeur & en longueur, d'autant est-il surpassé en hauteur.

36. Lorsque les parallelepipedes rectangles ont tous leurs costez proportionnels, on les appelle *semblables*, & ils sont en *raison triplée* de leurs costez, comme on dit des parallelogrammes, qu'ils sont en *raison doublée*.

37. Les parallelepipedes rectangles semblables sont entre eux comme les cubes bastis sur les costez homologues : car tant les cubes que les parallelepipedes, sont entre eux en raison triplée de leurs costez homologues.

38. Les rectangles qui ont mesme hauteur sont entre eux en raison de leurs bases. Soient les rectangles A & B entre les paralleles *df* & *ac*, en sorte que *ad* soit égal à *cf* : je dis que A. B : : *ab*. *bc*, c'est-à-dire, que le rectangle A est au rectangle B, comme la base *ab* est à la base *bc*. Que si, par exemple, *ab* est double de *bc*, A sera aussi double de B ; & si *ab* est triple ou quadruple de *bc*, A aussi sera triple ou quadruple de B : car A n'est que la ligne *ab* multipliée par *ad*, (6. 17.) & B n'est que la ligne *bc*, multipliée par la mesme *ad* ou *be* qui luy est égale. Donc (6. 15.) A. B : : *ab*. *bc*.

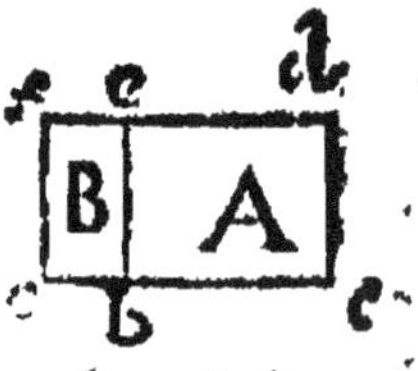

39. Tous parallelogrammes qui sont entre mesmes paralleles sont entre eux comme leurs bases. Je dis que le parallelogramme *adeb* est au parallelogramme *afge*, comme *ab* à *ac* : car ayant fait des rectangles ponctuez sur les mesmes bases,

ces rectangles sont égaux aux parallelogrammes, (3. 14.) Or ces rectangles sont comme leurs bases : (par la precedente) donc les parallelogrammes aussi sont comme leurs bases, c'est à sçavoir, *adeb. afgc :: ab. ac.*

40. Les triangles qui sont entre mesmes paralleles sont comme les bases, car ils sont la moitié des parallelogrammes.

41. Quand les triangles ont leurs bases sur vne mesme ligne droite, & que leur sommet aboutit à vn mesme point, ils sont censez estre entre mesmes paralleles.

42. Si dans vn triangle on tire vne ligne parallele à la base, cette ligne coupera les jambes proportionnellement. Soit le triangle *abc*, & la ligne *de* parallele à *bc*, je dis que *ad. db :: ae. ec ::* car si l'on imagine les lignes *cd* & *eb*, le triangle *ced* sera au triangle *cad*, comme *ce* à *ea* : (6. 40. 41.) de mesme le triangle *bde* au triangle *dae*, est comme *bd* à *da*. Or le triangle *ced* est égal au triangle *bde* : (3. 16.) donc aussi le triangle *bde* ou *ced* est au triangle *ead* : : comme *bd* à *da*, ou comme *ce* à *ea* : donc encore *bd. da :: ce. ea*, puisque tant la raison de *bd* à *da*, que celle de *ce* à *ea* : : expriment vne mesme raison du triangle *bed* ou *ced* au triangle *ead*.

43. Si dans vn triangle *acb*, on tire vne ligne *de*, parallele à la base *cb*, je dis que *ed. bc :: ad. ab ::* ou *ae. ac ::* car tirant *ef* parallele à *ab*, on aura *fb* égale à *ed*. (3. 9) Or par la precedente *fb. cb :: ea. ca ::* donc *ed.*

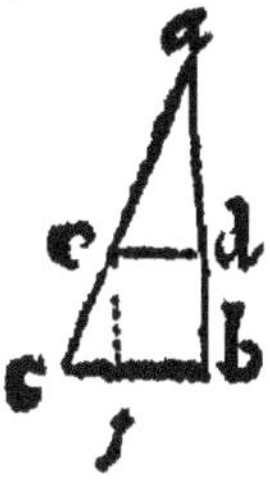

eb : : ea. ca : : ou da. ba.

44. On appelle *Triangles semblables* ceux qui ont tous les trois angles égaux, c'est-à-dire, ceux de l'vn à ceux de l'autre, encore que les triangles soient inégaux. Par exemple, si l'angle A est égal à l'angle *a*, & l'angle B à l'angle *b*, & l'angle C à l'angle *c*, tout le triangle A B C sera semblable au triangle *a b c*.

45. Quand on a trouvé que deux triangles ont deux angles égaux chacun à chacun, on aura aussi trouvé que le troisiéme angle sera égal, & que les triangles seront semblables : car puisque les trois angles dans chaque triangle font la valeur de deux droits, (2. 9.) si les deux angles d'vn triangle sont égaux aux deux d'vn autre triangle, il faut que le troisiéme angle de l'vn, soit égal au troisiéme de l'autre.

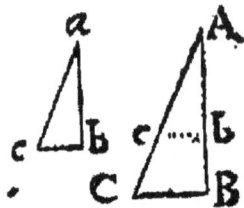

46. Tous les triangles semblables ont leurs costez (autour des angles égaux) proportionnels. Je dis que AB. *ab* : : AC. *ac* : : BC. *bc*. Car si dans le plus grand triangle A B C, on prend A *b* égal à *ab*, & A *c* égal à *ac*, le triangle A *b c* sera tout égal au triangle *a b c* ; (2. 11.) ainsi l'angle A *b c* est égal à l'angle *a b c* : (2. 11.) donc aussi il est égal à l'angle B, lequel par l'hypothese l'est à l'angle *b* : donc la ligne *b c* est parallele à la ligne BC : (1. 30.) donc (6. 42. 43.) A *b*. AB : : A *c*. AC : : *bc*. BC.

47. Tous les triangles semblables sont entre eux en raison doublée de leurs costez homologues, ou comme les quarrez bastis sur leurs costez homologues. Soit *a b c* semblable à A B C, en sorte que *a b*. AB : : *b c*. BC. Premierement,

si *b* & B sont angles droits, soient achevez les rectangles *bcda*, & BCDA, ces rectangles *bd* & BD seront entre eux en raison doublée du costé *bc*, au costé homologue BC, ou comme le quarré basti sur *bc*, au quarré basti sur BC. (6.29.33.) Or le triangle *abc* est la moitié du rectangle *bcd*, (3.8.) & le triangle ABC est la moitié du rectangle BCD: (3.8.) donc aussi ces deux triangles sont entre eux en raison doublée des costez homologues, &c.

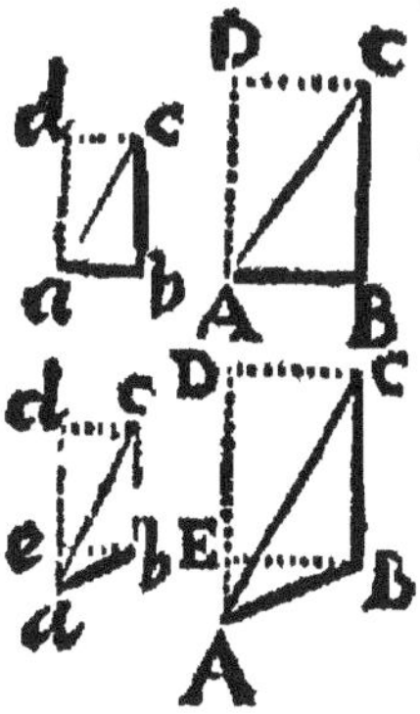

Secondement, si les triangles ne sont point rectangles, comme dans les secondes figures, soient tirées les paralleles *ad* & AD, & puis soient faits les rectangles *bcde* & BCDE, 1. les triangles *adc*, & ADC seront semblables, à cause que l'angle *d* est égal à l'angle D, estant tous deux droits. Et de plus l'angle *dac* est égal à l'angle DAC, à cause qu'ils sont égaux aux angles *acb*, & ACB: (1.30.) donc *ac*. AC:: *cd*. CD. (6.46.) Or *ac*. AC:: *bc*. BC: (par l'hypothese) donc *cd*. CD:: *bc*. BC: & par consequent aussi les rectangles *bd* & BD sont semblables, (6.30.) & sont entre eux comme les quarrez de leurs costez homologues: (6.33.) donc aussi leurs moitiez, c'est-à-dire, (3.18.) les triangles *abc* & ABC sont en raison doublée de leurs costez homologues, ou comme les quarrez, &c.

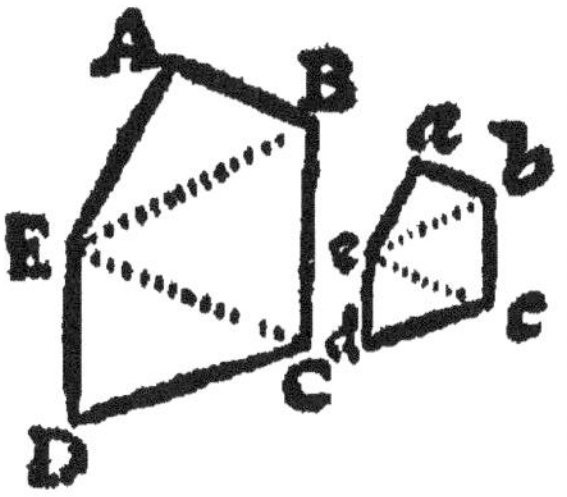

48. Les *Polygones semblables* sont ceux qui ont autant de costez les vns que les autres, en telle sorte que chaque angle d'vn polygone soit égal à chaque angle de l'autre, & que tous leurs costez

autour des angles égaux soient proportionnels, comme si l'angle A est égal à l'angle *a*, & l'angle B à l'angle *b*, *&c.* & de plus que AB, *ab* : : BC. *bc* : : CD. *cd*, *&c.* Ces deux polygones sont semblables.

49. Et parmi les curvilignes, ou les mixtes, *figures semblables* sont celles dans lesquelles on peut inscrire, & autour desquelles on peut circonscrire des polygones semblables : en sorte que quelque polygone qu'on ait inscrit ou circonscrit en l'vne, on en

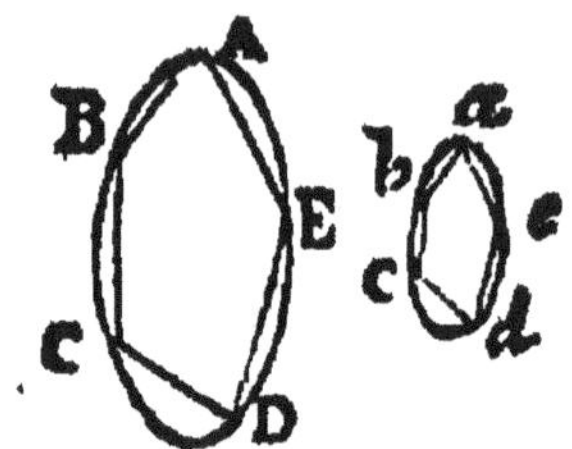

puisse inscrire ou circonscrire vn semblable en l'autre. Par exemple, si ayant inscrit quelque polygone qu'il m'a plû, comme ABCDE, dans la grande curviligne, j'en puis inscrire vn autre tout semblable dans la petite curviligne, *abcde*, ces deux curvilignes seront semblables. De mesme, si ayant pris deux mixtes, comme deux segmens de cercle ABC, & *abc*, & ayant inscrit en l'vn vn triangle tel qu'il m'a plû, ABC, j'en puis inscrire en l'autre vne autre tout semblable *abc*, ces deux segmens seront semblables; & ayant achevé

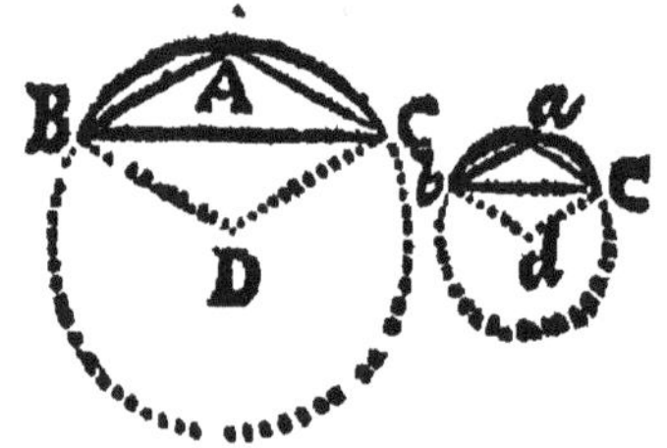

les cercles, ces segmens seront égales portions de ces cercles, en sorte que si l'arc BAC est la troisiéme partie de son cercle, l'arc aussi *bac* sera la troisiéme partie de son cercle : & si vers le centre on tire des lignes BD, CD, & *bd*, *cd*, les angles D & *d* seront égaux. (voyez 4. 11. & suivans.)

50. Tous les cercles sont figures semblables.

51. Tous polygones semblables se peuvent diviser en vn égal nombre de triangles semblables.

Soient les polygones ſemblables ABCDE, & *abcde*; le premier ſoit diviſé en ſes triangles par les lignes BE, CE: (3.24.) je dis que l'autre eſtant auſſi diviſé en triangles par les lignes *be*, & *ce*, tous les triangles de l'vn ſeront ſemblables aux triangles de l'autre, par exemple, *abe* à ABE; car l'angle *a* eſt égal à l'angle A, (par l'hypotheſe) & de plus AB. *ab*:: AE. *ae*: (auſſi par l'hypotheſe) donc le triangle ABE eſt ſemblable à *abe*, *&c*. (6.46.) On prouve enſuite que l'angle EBC eſt égal à l'angle *ebc*, à cauſe que l'angle ABC a eſté ſuppoſé égal à *abc*, & que par ce qui vient d'eſtre prouvé, l'angle *abe* eſt égal à l'angle ABE: donc, de choſes égales oſtant choſes égales, l'angle EBC eſt égal à l'angle *ebc*. De meſme, on prouve que l'angle *ecb* eſt égal à l'angle ECB, & par conſequent (6.45.) tout le triangle *ebc* ſera ſemblable au triangle EBC; ainſi de tous les autres.

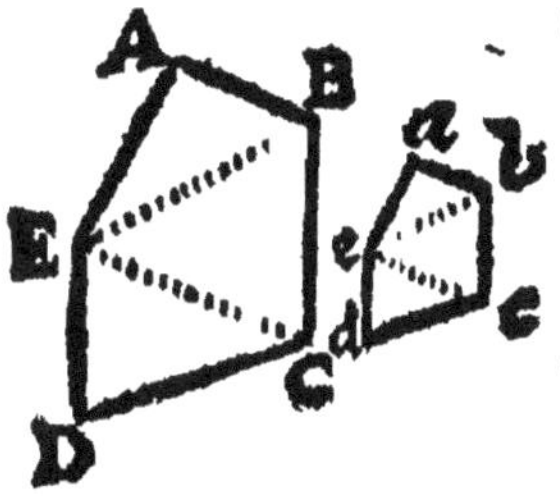

52. Tous polygones ſemblables ſont entre eux en raiſon doublée de leurs coſtez homologues, ou comme les quarrez baſtis ſur leurs coſtez homologues. Je dis que comme le quarré d'AB eſt au quarré d'*ab*; ainſi tout le polygone ABCDE eſt au polygone *abcde*: car tous les triangles d'vn polygone eſtant ſemblables à ceux de l'autre, (6.51.) tous ceux de l'vn ſont à tous ceux de l'autre en raiſon doublée de quelques-vns de leurs coſtez homologues que ce ſoit, c'eſt-à-dire, comme le quarré d'AB, au quarré d'*ab*.

53. Toutes figures ſemblables, meſme les curvilignes, ſont entre elles comme les quarrez baſtis ſur quelque coſté de quelques figures ſemblables

que ce soit qu'on y auroit inscrites ou circonscrites. Soient par exemple les cercles dans lesquels on ait inscrit deux triangles semblables *b a c* & B A C, je dis que tout le cercle A B C est au cercle *a b c*, comme le quarré de B C au quarré de *b c*, ou ce qui est le mesme, comme le quarré du demi-diametre D B, au quarré du demi-diametre *d b* : car dans le cercle *a b c* on peut (du moins par la pensée) inscrire ou circonscrire tel polygone qu'on voudra. (4. 30.) Or tout polygone inscrit dans *a b c* aura plus petite raison au cercle A B C, que le quarré sur *b c* au quarré sur B C, & tout circonscrit dans *a b c* aura plus grande raison au cercle A B C, comme on prouvera aisément par la precedente, & par ce qui a esté dit du cercle au livre quatriéme : donc, &c.

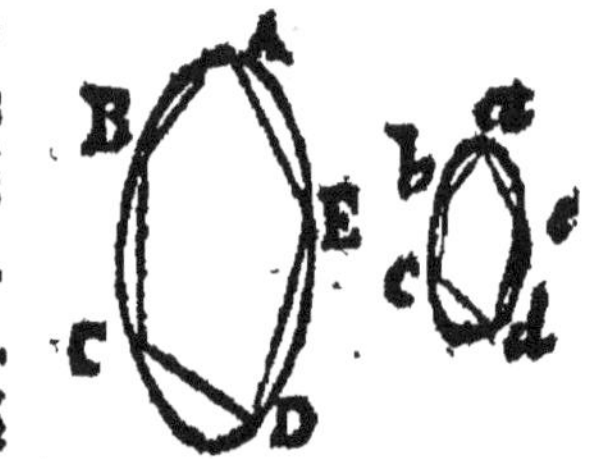

54. Tout cecy s'applique aux solides. *Solides semblables* sont ceux qui ont les angles égaux, & les costez proportionnels, ou dans lesquels on inscrit ou circonscrit, &c.

55. Les solides semblables sont entre eux comme les cubes, &c. Voyez 6. 36. 37. &c.

56. Si dans vn triangle rectangle *a b c*, on tire du sommet de l'angle droit *a* vne perpendiculaire *a d* sur l'*hypothenuse* (ou grand costé) *b c*, on aura trois triangles rectangles tous semblables, sçavoir, *a d c*, *a d b*, & le total *a b c* : car 1. tous ces trois triangles ont chacun vn angle droit ; 2. les triangles *a b c* & *a b d* ont l'angle *b* commun : donc ils sont semblables ; (6. 45.) 3. les triangles *a b c* & *a d c* ont l'angle *c*

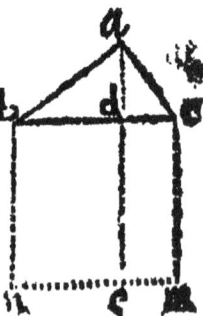

commun : donc ils sont semblables.

57. La perpendiculaire *ad* est moyenne proportionnelle entre *cd* & *db*, c'est-à-dire que *cd. da* :: *da. db*. Car les triangles *cda* & *adb* estant semblables par la precedente, *cd*, (qui est la petite jambe du triangle *cda*) sera à *da* (qui en est la grande jambe) comme *ad* (qui est la petite jambe du triangle *adb*) à *db* qui en est la grande jambe. (6.46.)

58. Le quarré *ad* est égal au rectangle fait de *cd* & de *db* : car puisque *cd. da* :: *da* : *db*, (par la precedente) le rectangle des extrémes *cd* & *db* sera égal au rectangle des moyennes *da* & *da*. (6.28.) Or les deux costez de ce rectangle estant égaux, puisque ce n'est que *da* pris deux fois, il faut que ce rectangle soit le quarré de *da*; & ainsi on peut mettre pour proposition generale, que . . . .

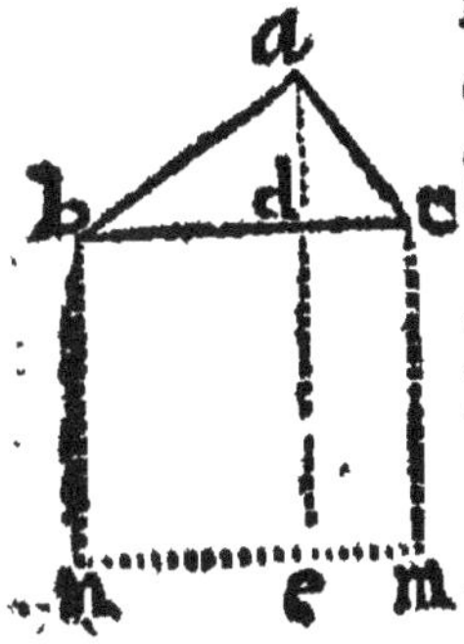

59. Le quarré de la moyenne proportionnelle est toûjours égal au rectangle fait des deux extrémes.

60. Pour exprimer vn rectangle, il suffit de nommer trois lettres. Par exemple, quand on met le *rectangle bdc*, cela veut dire le rectangle dont vn costé est *bd*, & l'autre *dc*; & si l'on disoit *le rectangle bcd*, cela voudroit dire le rectangle dont vn costé seroit *bc*, & l'autre *cd*.

61. Dans tout triangle rectangle le quarré fait sur l'*hypotenuse* (ou sur le grand costé) est égal aux deux quarrez faits sur les *jambes*. (ou sur les autres costez) Soit le quarré *bcmn* divisé par la perpendiculaire *ade* en deux rectangles *dem*, & *den* : je dis que le rectangle *dem* est égal au quarré d'*ac*, & le rectangle *den* au quarré d'*ab*,

& que par consequent tout le quarré *b c m n* est égal aux quarrez de *a c* & de *a b* : car 1. les deux triangles *a d c* & *b a c* estant semblables, (6. 56.) *d c* à *a c* (dans le petit triangle *a d c*) sera comme *a c* à *b c* : (dans le grand triangle *b a c*) donc *a c* est moyenne proportionnelle entre *d c* & *b c*, ou *c m* ; ainsi le quarré *a c* est égal au rectangle *d c m*. (6. 59.) 2. Par mesme raison, on prouve que *b a* est moyenne proportionnelle entre *b d* & *b c*, ou *b n*, &c.

62. Si sur les trois costez du triangle rectangle on bastit trois figures semblables posées semblablement, la plus grande sera égale aux deux autres : car ces figures semblables estant comme les quarrez faits sur leurs costez homologues, (6. 53.) la figure A sera aux figures B & C, comme le quarré *b c* est aux quarrez *c a* & *a b*. Or le quarré *b c* est égal aux deux autres : (par la precedente) donc, &c.

63. Si sur le grand costé *b c* on fait vn demi-cercle *b a c*, & sur les autres costez deux autres demi-cercles *b n a* & *a m c*, ce grand demi-cercle sera égal aux deux autres. (par la precdeente) Que si de part & d'autre on oste ce qui est commun, qui sont les segmens hachez *b a*, & *a c*, ce qui restera de part & d'autre sera égal ; c'est-à-dire, le triangle *b a c* d'vne part sera égal aux deux lunes *b n a* & *a m c* de l'autre : & c'est ceci la quadrature des *Lunes d'Hippocrate de Scio*.

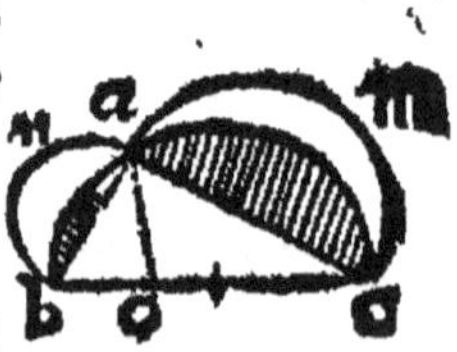

64. Lorsque le triangle *b a c* est isoscele, les lunes sont égales, de sorte que le triangle *b a o*, qui est la moitié de *b a c*, sera égal à chaque lune : mais lorsque le triangle est sca-

lene, comme dans la seconde figure, les lunes sont inégales; & il est aussi difficile de partager le triangle *bac* en deux par la ligne *do*, en sorte qu'on demonstre que le triangle *bao* est égal à la lune *bna*, & le triangle *oac* à la lune *cma*: il est, dis-je, aussi difficile de faire cela, que de trouver la quadrature du cercle.

65. Deux cordes qui se croisent dans vn cercle, ont leurs segmens *reciproques*, c'est-à-dire, reciproquement proportionnels. Je dis que *ae*. *be*:: *ed*. *ec*:: & que par consequent le rectangle *aec* est égal au rectangle *bed*: car si l'on imagine les lignes *dc* & *ba*, on aura deux triangles semblables, *aeb* & *dec*. Car 1. ils ont vn angle vers *e* opposé par la pointe, & par consequent égal; (1. 25.) 2. l'angle *d* est égal à l'angle *a*, (4. 12.) comme insistant sur mesme arc *bc*, & aboutissant à la mesme circonference: donc ces deux triangles sont semblables; ainsi *ae*. *be*:: *ed*. *ec*. (6. 46.)

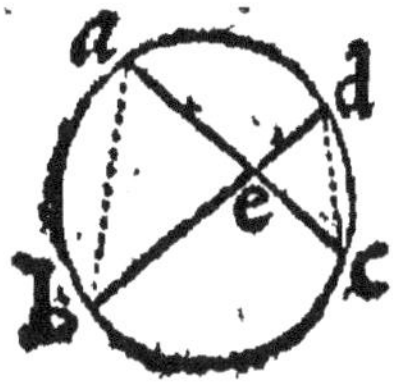

66. Si *ac* est diametre du cercle, & *db* perpendiculaire, *de* ou *be* sera moyenne proportionnelle entre *ae* & *ac*, à cause que *de* sera égale à *eb*: (4. 6.) ainsi *ae*. *de*:: *be* ou *de*. *ec*, & le quarré *de* sera égal au rectangle *aec*.

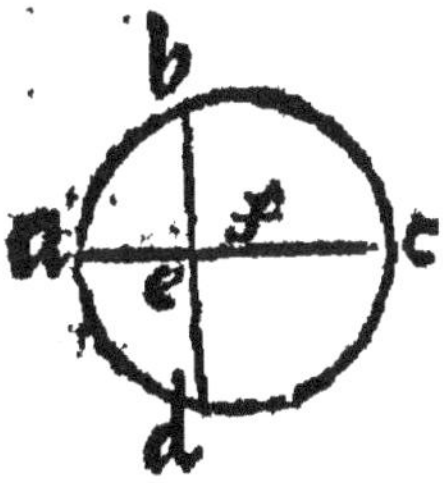

67. Deux lignes tirées d'vn point exterieur vers vn cercle, à la circonference duquel elles sont terminées, sont entre elles reciproquement comme leurs segmens exterieurs: je dis que *ac*. *ad*:: *ae*. *ab*; & que par consequent le rectangle *cab* est égal au rectan-

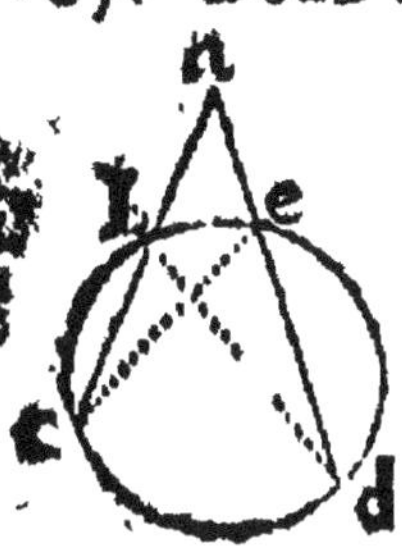

gle *dae*: car si l'on imagine les lignes *bd* & *ec*, on aura deux triangles semblables *abd* & *aec*: car 1. ils ont vn angle commun *a*; 2. l'angle *d* est égal à l'angle *c*, (4. 12.) comme insistant sur vn mesme arc *be*: donc les triangles *abd* & *aec* sont semblables; (6. 45.) ainsi *ad*. *ac* :: (qui sont les grands costez des deux triangles) *ab*. *ae* :: (qui sont les petits costez des mesmes triangles)

68. Si l'vne de ces lignes *ab* touche le cercle en *b*, tandis que l'autre le coupe en *e* & en *d*, alors *ab* est moyenne proportionnelle entre *ae* & *ad*: car ayant tiré les lignes *be* & *bd*, les triangles *abd* & *aeb* seront semblables, à cause que 1. ils ont vn angle commun en *a*; 2. l'angle *abe* est égal à l'angle *bde*; (4. 17.) donc ces deux triangles estant semblables, *ae*. *ab* :: (qui sont les deux costez du petit triangle *abe*) *ab*. *ad* :: (qui sont les costez homologues de l'autre triangle *adb*)

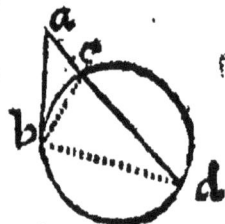

69. Soit le diametre *ab* coupé en *e* par la perpendiculaire infinie *ee*, ou au dedans du cercle comme en la premiere figure, ou à la circonference, comme en la deuxiéme figure, ou hors le cercle, comme en la troisiéme figure: soit de plus du point *a* tirée telle ligne droite que l'on voudra, coupant la perpendiculaire en *e*, & le cercle en *d*; je dis que toûjours *ad*. *ac* :: *ab*. *ae*. Car si l'on tire la ligne *bd*, on aura deux triangles semblables *eac* & *dab*, à cause que 1. ils ont vn angle commun *eac* & *dab*; 2. ils en ont vn autre droit, car l'angle *ace* est droit, (par

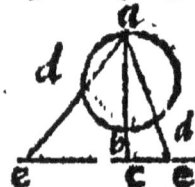

l'hypotheſe) & l'angle *b d a* eſt auſſi droit : (4. 14.) donc ces deux triangles eſtant ſemblables, *ad. ac* :: *ab. ae.*

70. Dans la deuxiéme figure, *ab* eſt toûjours moyenne proportionnelle entre *ad* & *ae* ; & dans la premiere la moyenne eſt *a E*, où le cercle coupe la ligne *ce.*

71. Si dans le triangle inſcrit, l'angle *b a c* eſt partagé en deux également par la ligne *a e d*, je dis que *ba. ae* :: *ad. ac* : car ayant tiré la ligne *db*, on aura deux triangles ſemblables *adb* & *aec*, à cauſe que 1. l'angle *d* eſt égal à l'angle *c*, (4. 12.) comme insiſtant ſur le meſme arc *ab*, & aboutiſſant à la meſme circonference ; 2. l'angle *bad* eſt égal à l'angle *eac*, par l'hypotheſe : donc ces deux triangles ſont ſemblables, & partant *ab. ad* :: *ae. ac.*

72. Lorſque l'angle du ſommet eſt ainſi partagé en deux également, les ſegmens de la baſe ſont proportionnels avec les coſtez, *ba. ac* :: *be. ec* : car imaginant *ef* parallele à *ba*, nous aurons *ba* : *ac* :: *ef. fc.* Or *ef* eſt égal à *af*, à cauſe que l'angle *aef* eſt égal à l'angle *eab*, (1. 31.) & par conſequent à l'angle *eaf* : ainſi le triangle *afe* eſt iſoſcele ; (2. 15.) ainſi au lieu de mettre *b a. ac* :: *ef. fc* :: nous pouvons mettre *ba* : *ac* :: *af* : *fc* :: ou bien (6. 42.) *be* : *ec* : ce qu'il faloit prouver.

73. Si deux cercles ſe touchent l'vn dans l'autre, & que du point d'attouchement *a* on tire vne tangente, & la perpendiculaire *ab*, laquelle paſſera par les centres des deux cercles, (4. 5.) & que de plus on tire telle autre

ligne que l'on voudra, coupant les deux cercles en *e* & *d*, je dis que toûjours *ae*. *ad* :: *ac*. *ab*; car ayant tiré les lignes *ec* & *db*, les triangles *aec* & *adb* seront semblables ayant vn angle commun *a*, & vn autre droit en *e* & en *d*. (4.14.)

74. L'arc *ec* sera aussi à l'arc *db*, comme tout le cercle *aec* au cercle *adb*. (6.49. & 4.11. &c.)

LIVRE SEPTIE'ME.

Des Incommensurables.

VNE petite quantité est dite en *mesurer* vn autre plus grande, lorsque la petite estant prise vn certain nombre de fois, égale precisément la plus grande. Exemple: supposé qu'vne toise contienne six pieds, vn pied *mesurera* la toise, parce qu'vn pied pris six fois, égale précisement la toise.

2. La quantité qui en mesure vne plus grande, s'appelle *Partie* de la grande, & la grande s'appelle *Multiple* de la petite: ainsi vn pied est partie de la toise, & la toise est multiple du pied.

3. Si l'on prend vne grandeur d'vn pas Geometrique, qui contienne deux pieds & demi, & qu'on veuille essayer d'en mesurer la toise, on ne pourra pas le faire, parce que si l'on prend ce pas Geometrique seulement deux fois, on ne fera que cinq pieds, qui ne valent pas la toise: & si l'on prend ce mesme pas trois fois, on aura sept pieds & demi, qui surpasseront la toise; ainsi cette quantité de deux pas & demi ne mesure pas la toise, & n'est pas à proprement parler *partie* de la toise: neantmoins on peut dire que c'en sont *des parties*, parce qu'vn pas contient cinq demi-pieds: or vn demi pied est partie de la toise, parce qu'estant pris douze fois il la mesure; ainsi vn pas contient des parties de la toise, puisqu'il contient

cinq demi-pieds qui sont $\frac{5}{12}$, c'est-à-dire, cinq douziémes parties d'vne toise.

4. Lorsque deux quantitez sont telles, qu'on peut trouver vne troisiéme quantité qui soit partie de l'vne & de l'autre, c'est-à-dire, qui mesure l'vne & l'autre, alors ces deux quantitez sont *commensurables*; ainsi vne quantité d'vn pas Geometrique d'vne part, & vne toise de l'autre, sont deux quantitez commensurables, parce qu'on peut donner vne troisiéme quantité, sçavoir, vn demi-pied, laquelle mesurera la toise & le pas: car le demi-pied pris cinq fois égale le pas, & ce mesme demi-pied pris douze fois égale la toise.

5. Mais s'il n'est pas possible de trouver vne troisiéme quantité qui mesure l'vne & l'autre, alors ces deux quantitez sont *incommensurables*.

6. Les grandeurs commensurables sont *comme nombre à nombre*, c'est-à-dire qu'on peut exprimer ces grandeurs par de certains nombres, en sorte que comme vne grandeur est à l'autre grandeur, ainsi vn certain nombre sera à vn autre certain nombre. Par exemple, si vne ligne est d'vne toise ou de six pieds, & vne autre ligne d'vn pas ou de deux pieds & demi, ces deux lignes seront comme nombre à nombre: car puisque le demi-pied mesure l'vne & l'autre, l'vne par cinq, & l'autre par douze, il est clair que l'vne contenant cinq demi-pieds, & l'autre en contenant douze, ces deux lignes seront comme cinq à douze, & par consequent comme nombre à nombre.

7. Si deux grandeurs ne sont point comme nombre à nombre, c'est-à-dire, s'il n'est pas possible d'exprimer leurs grandeurs par deux nombres,

elles seront incommensurables : cela paroist par la precedente.

8. Il faut donc voir maintenant s'il y a en effet des grandeurs qui soient telles qu'on ne puisse point les exprimer par des nombres : car si cela est, il faudra dire qu'il y a des grandeurs incommensurables.

9. *Vn nombre plan* est celuy qui peut provenir de la multiplication de deux nombres. Par exemple six est nombre plan, parce qu'il provient de la multiplication de trois & de deux : car deux fois trois font six. De mesme quinze est vn nombre plan, parce qu'il provient de cinq multiplié par trois. De mesme neuf est vn nombre plan, parce qu'il provient de trois par trois.

10. Les nombres qui estant ainsi multipliez l'vn par l'autre produisent vn plan, s'appellent *costez* de ce plan, comme 2. & 3. sont les costez de 6. de mesme 3. & 5. les costez de 15.

11. Si l'on imagine les vnitez comme de petits quarrez, ces quarrez se pourront ranger en rectangle, quand leur nombre sera plan. Par exemple, 12. quarrez se rangent en vn rectangle, dont vn costé sera six, & vn autre costé sera deux ; & de mesme 48. sera vn rectangle, dont vn costé est 12. & l'autre 4. Voyez les figures suivantes.

12. *Nombre quarré* est vn plan dont les costez sont égaux, comme 4. provenant de deux multiplié par deux, comme 9. provenant de trois par trois, comme 16. provenant de 4. par 4. *&c.*

13. Un nombre quarré se peut ranger en quarré, & ce nombre qui se peut ranger en quarré est quarré, & celuy qui ne sçauroit se ranger en quarré n'est pas nombre quarré.

14. Nombres *Plans semblables* sont ceux qui

peuvent se ranger en rectangles semblables, c'est-à-dire, en des rectangles dont les costez sont proportionnels, comme 12. & 48. car les costez de 12. sont 6. & 2. & les costez de 48. sont 12. & 4. or 6. 2 :: 12. 4.

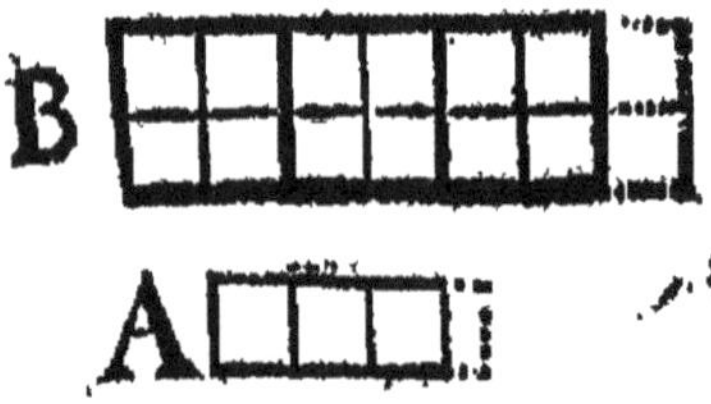

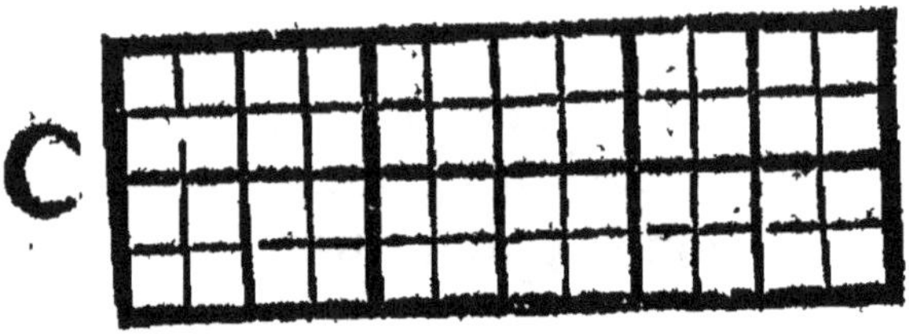

B

A

C

15. Tous les nombres quarrez sont plans semblables. (6. 32.)

16. Tout nombre peut se ranger en ligne droite, & en cét état il peut passer pour plan; de sorte que 3. sera vn plan semblable à 12. car les costez du plan de trois sont 3. & 1. parce qu'vne fois trois c'est trois, & les costez de 12. sont 6. & 2. or 3. 1 :: 6. 2.

17. Il y a des nombres qui ne sont pas plans semblables, comme depuis 1. jusqu'à 10. il y a 1. 4. 9. qui sont semblables estant quarrez; puis il y a 2. 8. qui ont vn costé double de l'autre: les autres ne le sont pas, comme 2. 3. 4. 5. 6. 7.

18. Si vn nombre quarré multiplie vn autre nombre quarré, il produira vn troisiéme quarré A. 4. & B. 9. estans nombres quarrez, se multiplient & produisent vn nombre C, sçavoir 36. Je dis que ce troisiéme nombre est vn nombre quarré: car multiplier B par A, c'est prendre B autant de fois qu'il y a d'vnitez dans A. Or je puis considerer tout le nombre B 9. comme vn quarré vni-

B A

C

que, & puis le prendre autant de fois qu'il y a d'vnitez & ou de petits quarrez en A; & comme ces vnitez d'A ſont rangées en quarré; auſſi je pourray ranger en quarré tout autant de quarrez B comme autant d'vnitez, de ſorte qu'ici il y aura 4. B. qui feront le quarré total C 36.

19. Si deux nombres plans ſont ſemblables, le grand ſe peut partager en autant de quarrez qu'il y aura d'vnitez dans le petit. A 3. & B 12. ſont plans ſemblables : en ſorte que le coſté 3. eſt au coſté 6. comme le coſté 1. eſt au coſté 2. Je puis partager ce plan B 12. en trois quarrez rangez de meſme que les trois petits quarrez du plan A, & chacun de ces grands quarrez de B en vaudra 4. de ceux d'A. De meſme, ſi les plans ſont 8. & 72. je puis diviſer 72. en 8. quarrez, dont chacun en comprendra 9. de ceux du petit plan 8. La meſme choſe arrivera encore bien qu'vn de ces nombres, ou meſme tous deux ſoient rompus, comme ſi A contient 3. & demi, & B 14. je puis partager 14. en trois quarrez & demi, diſpoſez comme ceux d'A, comme l'on voit par les petits quarrez ponctuez, qui ont eſté ajoûtez à ces figures. De meſme ſi les plans ſont B 12. & D 27. je puis partager 27. non ſeulement en trois quarrez rangez comme ceux d'A : mais auſſi en 12. rangez comme ceux de B, ce que l'on voit ici par les lignes ponctuées.

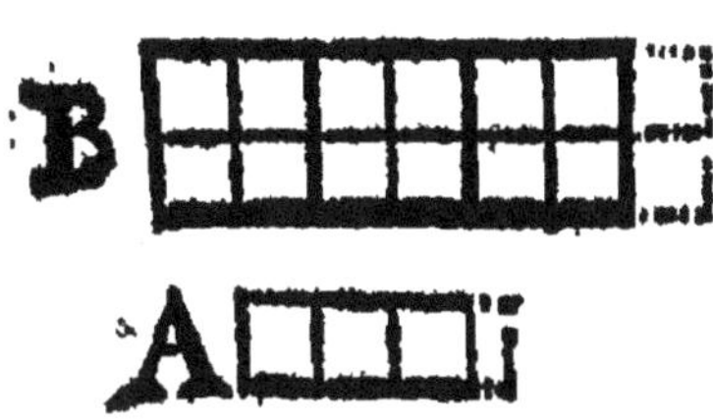

Pour

Pour cela il ne faut que partager les costez du grand plan en autant de parties que le sont les costez homologues du petit plan. Les figures seront aisément comprendre tout ceci.

20. Les nombres plans qui se peuvent ainsi partager, en sorte qu'il y ait autant de quarrez dans le grand plan, que d'vnitez dans le petit, sont semblables : c'est la converse de la precedente.

21. Deux nombres plans semblables multipliez l'vn par l'autre produisent vn nombre quarré. Car ayant partagé le grand plan en autant de quarrez qu'il y a d'vnitez dans l'autre plan, (7. 19.) on multipliera vn plan par l'autre, en prenant les grands quarrez du grand plan autant de fois qu'il y a d'vnitez ou de petits quarrez dans le petit plan, c'est-à-dire, autant de fois qu'ils sont eux-mesmes. Or multiplier vn nombre de quarrez par ce mesme nombre, c'est faire vn quarré de ces quarrez. Par exemple A 3. & B 27. estant plans semblables, je considere B 27. comme vn plan composé de trois grands quarrez, comme A 3. est vn plan composé de trois vnitez, ou de 3. petits quarrez. Ainsi si je prens ces trois grands quarrez autant de fois qu'il y a d'vnitez en A, c'est-à-dire, trois fois, je feray trois fois trois de ces grands quarrez de B, c'est-à-dire, 9. quarrez, dont chacun en vaudra 9. de ceux qui sont dans A, & tous ces 9. quarrez de B en vaudront 81. de ceux d'A; de sorte qu'A 3. multipliant B 27. produit 81. qui est vn nombre de petits quarrez rangez en quarré, & par consequent (7. 13.) ce nombre 81. est quarré. De mesme si les plans sont 12. & D 27. je partage 27. en 12. quarrez

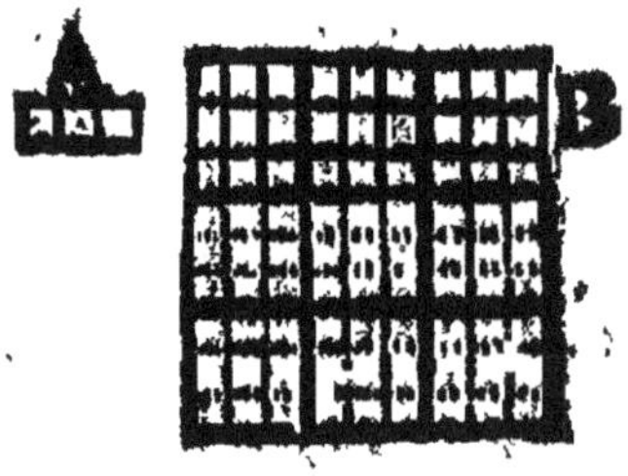

que je multiplie par 12. & il provient 144. grands quarrez rangez en quarré, qui en vaudront 324. de ceux du petit plan.

22. Si deux nombres plans sont semblables, de quelque façon que l'on range l'vn, on pourra ranger l'autre de mesme. Soit 3. & 12. plans semblables comme dessus. Qu'on range 12. en ligne droite pour faire vn rectangle, dont vn costé soit 12. & l'autre 1. je dis qu'on pourra ranger 3. en vn rectangle semblable, qui aura pour vn costé 6. & pour l'autre, la moitié d'vn.

23. Si vn nombre divise vn autre nombre quarré, il produira vn troisiéme nombre, qui sera plan semblable au diviseur. Soit le quarré *ac* 16. & qu'on le divise par quelque nombre que ce soit, par exemple, par 8. ce qui se fait en prenant la huitiéme partie du costé *ad*, sçavoir, *ae*, & tirant la parallele *ef*; car on aura le plan *af*, qui sera la huitiéme partie du quarré *ac*;

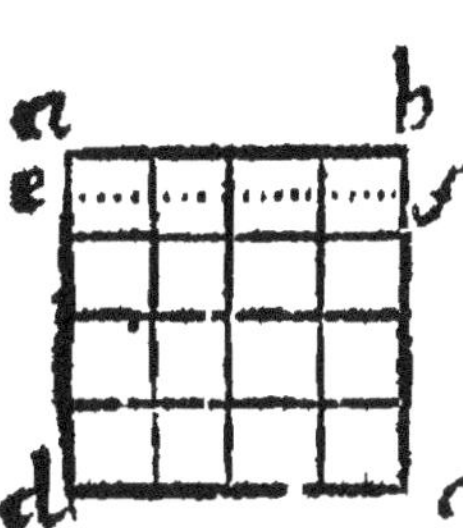

je dis que *af* est vn plan semblable à 8. Car 8. estant rangé en ligne droite pour avoir vn rectangle, dont vn costé soit 8. & l'autre 1. le rectangle *af* luy sera semblable, puisque *ae* a esté pris la huitiéme partie de *ad* ou de *ab*: donc comme 8. à 1. (qui sont les costez du plan 8. diviseur) ainsi *ab* à *ae*: (qui sont les costez du plan provenant du quarré *ac* divisé par 8.) donc, &c. ce qu'il faloit prouver.

24. Si deux plans se multipliant produisent vn quarré, ils sont semblables.

25. Deux nombres plans non-semblables se multiplians ne sçauroient produire vn nombre quarré. Ces propositions sont des suites des precedentes.

26. Si deux nombres sont plans semblables, leurs

equimultiples quelconques, & leur parties-pareilles quelconques, sont aussi plans semblables. Soient les plans *abcd* 3. & ABCD 12. semblables, en sorte qu'*ab*. AB :: *bc*. BC : je dis que si l'on prend le double de l'vn & le

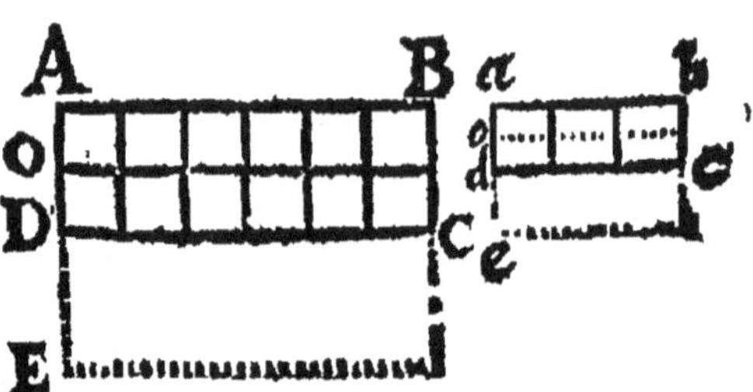

double de l'autre, (ou tel autre equimultiple qu'on voudra) ces doubles seront semblables : car ayant pris *ae* double d'*ad*, & AE double d'AD, pour avoir le plan *be* double du plan *bd*, & le plan BE, double du plan BD, il est clair que *ad*. AD :: *ae*. AE. Or *ad* : AD :: *ab*. AB. donc aussi *ae*. AE :: *ab*. AB ; & par consequent les plans *be* & BE sont semblables. De mesme en sera-t-il si l'on prend leurs moitiez *bo*, B*o*, ou telle autre partie que l'on voudra.

27. Si deux nombres sont plans non-semblables, leurs equimultiples quelconques, & leurs parties-pareilles quelconques seront aussi non-semblables. Ceci suit de la precedente.

28. Entre deux nombres plans semblables quelconques, il tombe vn nombre moyen proportionnel. Soient les nombres plans semblables 2. & 8. je dis qu'il est possible de trouver vn troisiéme nombre qui sera moyen proportionnel : car si l'on imagine le plan 8. rangé en ligne droite AB, & le plan 2. rangé aussi en ligne droite AD, & que de ces deux lignes on en fasse le plan AC 16. ce plan AC 16. provien-

dra de la multiplication des deux nombres ; (6. 17. & suivans) & par consequent le nombre des petits quarrez de tout ce plan A C 16. sera vn nombre quarré, (7. 21.) & se pourra ranger en quarré. (7. 13.) Qu'il soit donc rangé dans le quarré *ac* ; ainsi le quarré *ac* sera égal au plan A C, puisque ce n'est qu'vn mesme nombre rangé autrement. Donc (6. 59.) le costé *ab* 4. sera moyen proportionnel entre A D 2. & A B 8.

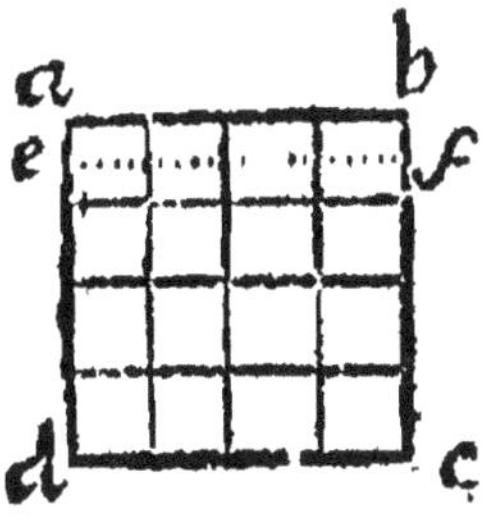

29. Entre deux nombres non-semblables, il ne sçauroit tomber vn nombre moyen proportionnel. Soient les nombres 4. & 6. rangez chacun en droite ligne, & que se multipliant ils produisent le plan 24. ce plan 24. n'est point vn nombre quarré ; (7. 25.) & par consequent il ne sçauroit se ranger en nombre quarré. Donc il ne sçauroit y avoir de nombre moyen entre 4. & 6. car ce nombre pretendu moyen multiplié par soy-mesme, produiroit vn nombre quarré, & d'ailleurs égal au plan fait de 4. & de 6. (6. 59.) ce qui est impossible, puisque ce plan 24. fait de 4. & de 6. n'est point nombre quarré.

30. Soient deux lignes *ae* & *ec*, comme vn nombre à vn autre nombre non-semblable : par exemple, comme 1. à 2. Soit de plus *eb* moyenne proportionnelle, en sorte que *ae. eb* : : *eb. ec* : je dis que *eb* est incommensurable aux deux extrémes *ae* & *ec* ; car *ae* & *ec* estant comme 1. & 2. c'est-à-dire, comme nombres non-semblables, (par l'hypothese) aussi-bien que leurs equimultiples quelconques, (7. 27.) il ne sera jamais

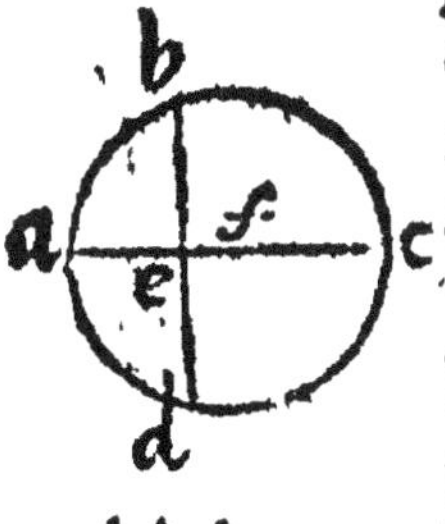

possible de trouver vn nombre moyen proportionnel entre *ae* & *ec*, (par la precedente) & par consequent *eb* ne sera pas à *ae* ou à *ec* comme nombre à nombre : donc elle est incommensurable.

31. Le diametre d'vn quarré *ab* est incommensurable au costé *ac*. Car prenant *ad* double d'*ac*, & faisant le triangle *abd* qui sera semblable à *abc*, à cause que *cd* estant égal à *cb*, l'angle *cdb* est égal à l'angle *cbd*; (2. 15.) ainsi l'angle *edb* est la moitié d'vn droit, aussi-bien que *cab* : donc *abd* est droit, *&c.* Ainsi *ac. ab :: ab. ad.* Donc *ab* est moyenne proportionnelle entre *ae* 1. & *ad* 2. & par consequent (par la precedente) incommensurable.

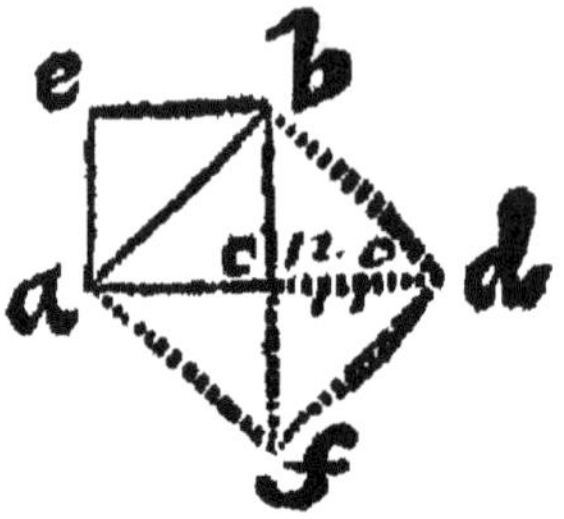

32. On appelle *Puissance* d'vne ligne le quarré que l'on fait sur cette ligne. La puissance de *ac* est le quarré *acbe*, & la puissance de la ligne *ab* est le quarré *abdf*. Et l'on dit que la ligne *ab peut deux fois la ligne ac*, (*bis potest lineam* ac) qui est vne façon de parler barbare, & neantmoins receuë en Geometrie.

33. Le diametre *ab* est commensurable *en puissance* au costé *ac*, c'est-à-dire que le quarré *abdf* est commensurable au quarré *acbe*, l'vn estant double de l'autre.

34. Mais si l'on prend *ao* proportionnelle entre *ab* & *ac*, cette moyenne *ao* sera incommensurable en puissance, c'est-à-dire que le quarré d'*ao* sera incommensurable au quarré d'*ac*, ou au quarré d'*ab* : car le quarré d'*ac* au quarré d'*ao* est en raison doublée d'*ac* à *ao*, (6. 29.) c'est-à-dire, comme *ac* à *ab*. Or *ac* est incommensurable à *ab* : (7. 31.) donc aussi le quarré d'*ac* est

incommenſurable au quarré d'*ao*.

35. *Seconde puiſſance* d'vne ligne eſt le cube qui a pour coſté cette ligne.

36. Si l'on prend *an* moyenne proportionnelle entre *ac* & *ao*, cette moyenne *an* ſera incommenſurable en ſeconde puiſſance à *ac*, c'eſt-à-dire que le cube d'*ac* ſera incommenſurable au cube d'*an*, parce que le cube d'*ac* eſt au cube d'*an* en raiſon triplée du coſté *ac* au coſté *an*, c'eſt-à-dire, comme *ac* à *ab*. Or *ac* & *ab* ſont incommenſurables, *&c.* Mais auſſi *ac* & *ao* ſont commenſurables en ſeconde puiſſance : car le cube d'*ao* eſt double du cube d'*ac*.

37. Il eſt aiſé d'appliquer aux nombres ſolides ce qui a eſté dit des nombres plans. On appelle *nombres ſolides* ceux qui proviennent de la multiplication d'vn nombre plan par quelque nombre que ce ſoit : par exemple 18. eſt nombre ſolide fait de 6. (qui eſt vn nombre plan) multiplié par 3. ou de 9. multiplié par 2.

38. Nombres *ſolides ſemblables* ſont ceux dont les petits cubes pourront ſe ranger en ſorte qu'ils faſſent des parallelepipedes rectangles ſemblables.

39. Nombres *cubiques* ſont ceux qui ſe peuvent ranger en cubes, comme 8. & 27. dont les *coſtez* ſont 2. & 3. les *baſes* ſont 4. & 9.

40. Tout nombre ſolide ſemblable multipliant vn autre nombre ſolide ſemblable, produit vn nombre cubique.

41. Entre deux nombres ſolides ſemblables, il tombe deux nombres proportionnels.

On n'a qu'a appliquer aux ſolides ce qui a eſté demonſtré à l'égard des plans.

42. Ces demonſtrations par leſquelles on prouve qu'il y a des lignes & des grandeurs incommenſu-

sables, prouvent aussi que le *continu* n'est point composé de points finis : car si le diametre aussi-bien que le costé d'vn quarré estoient composez de points finis, le point mesureroit le costé & le diametre : car le point se trouveroit vn certain nombre de fois dans le costé, & vn autre certain nombre de fois dans le diametre ; ce qui est impossible. (par les demonstrations precedentes)

43. Comme dans vn triangle rectangle le quarré du grand costé est égal aux deux quarrez faits sur les deux autres costez, (6. 61.) on s'est toûjours servi de ce triangle pour trouver des incommensurables : car si tous les trois costez sont commensurables, ils pourront estre tous trois exprimez par trois nombres, & alors le quarré du plus grand nombre sera égal aux quarrez des deux autres nombres, comme si le grand costé est de 5. pieds, le petit de 3. le mediocre de 4. le quarré de 5. sera 25. & les autres quarrez seront 9. & 16. & ces deux ensemble 9. & 16. font le troisiéme 25. Mais si le petit costé est 2. & le mediocre 3. le grand costé ne pourra point s'exprimer par nombres, parce que le quarré du petit costé 4. joint avec le quarré du mediocre 9. fait 13. qui exprime le quarré fait sur le grand costé : or comme ce nombre 13. n'est point nombre quarré, aussi ne sçauroit-t-il avoir de costé ou de racine exprimée par aucun nombre.

44. De tout temps on s'est appliqué à rechercher quelque methode pour trouver divers nombres propres à exprimer tous les trois costez du triangle rectangle, pour estre assurez que tous ces trois costez sont commensurables. Voicy vne methode par laquelle on trouve tous les nombres possibles propres à cét effet.

45. Si l'on prend deux nombres quelconques,

(mesme l'vnité) qui ne different que de l'vnité, & qu'on joigne ensemble les deux quarrez de ces deux nombres; on aura vn nombre qui sera racine d'vn quarré égal à deux quarrez, & ce nombre exprimant le grand costé d'vn triangle rectangle, le costé mediocre sera exprimé par vn nombre moindre de l'vnité, & le petit costé par les deux premiers nombres joints ensemble : par exemple, ayant pris 1. & 2. & quarré l'vn & l'autre, pour avoir 1. & 4. je joins ensemble ces deux quarrez 1. & 4. & je fais 5. je dis que 5. pourra exprimer le grand costé, & 4. le mediocre, & 3. le petit, en sorte que 25. quarré du grand costé sera égal à 16. & à 9. quarrez des deux autres costez. De mesme si je prens 2. & 3. & que joignant leurs quarrez 4. & 9. je fasse 13. je dis que j'auray 13. & 12. & 5. pour costez d'vn triangle rectangle, en sorte que 169. quarré de 13. sera égal à 144. & 25. quarrez de 12. & de 5. De mesme prenant 3. & 4. & joignant leurs quarrez 9. & 16. je fais 25. je dis que 25. sera le grand costé du triangle, 24. le costé mediocre, & 7. le petit.

Tout cela se trouve plus facilement en cette sorte.

46. Si l'on range les vnitez en sautoir, tous les nombres qui feront vne figure quarrée seront des nombres propres à exprimer le grand costé. Le petit costé sera le nombre compris dans les deux premiers rangs de la figure quarrée, & le costé mediocre sera d'vne vnité moindre que le plus grand.

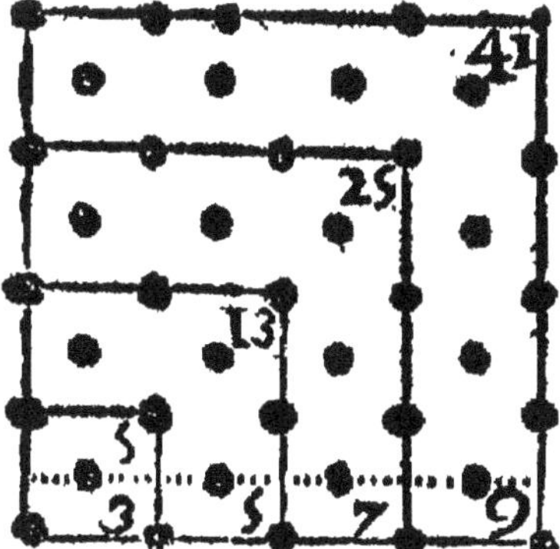

47. Cette figure continuée donnera tous les nombres possibles : mais il faut remarquer que les

equimultiples des trois nombres trouvez auront le mesme effet; comme ayant trouvé 5. 4. & 3. leurs doubles 10. 8. & 6. representeront les trois costez du triangle, en sorte que 100. quarré de 10. est égal à 64. & 36. quarrez de 8. & de 6. & de mesme leurs triples 15. 12. 9. feront la mesme chose : mais l'on voit bien que tous ces nombres ayant toûjours les mesmes proportions, n'expriment jamais qu'vn mesme triangle, sçavoir, celuy qui est exprimé par 5. 4. & 3. & qu'ainsi tous ces nombres doivent estre censez les mesmes.

LIVRE HUITIE'ME.

Des Progressions & des Logarithmes.

1. VNE *Progression* est vne suite de quantitez qui gardent entre elles quelque sorte de rapport semblable, & chacune de ces quantitez s'appelle *Terme*.

2. Lorsque les Termes qui se suivent ainsi les vns aprés les autres, augmentent ou diminuënt également; la Progression s'appelle *arithmetique*, comme sont les nombres naturels 1. 2. 3. 4. 5. *&c.* ou bien les nombres impairs 1. 3. 5. 7. 9. 11. *&c.* ou bien encore comme 4. 8. 12. 16. ou comme 20. 15. 10. 5. 0.

3. La Progression arithmetique peut augmenter à l'infini, mais non pas diminuër.

4. Si dans vne progression arithmetique on prend quatre termes, dont les deux premiers soient éloignez l'vn de l'autre autant que le sont les deux derniers; ces quatre termes sont dits proportionnels en proportion arithmetique, comme dans la progression des nombres naturels 1. 2. 3. 4. 5. 6. 7. 8. 9. *&c.* Si nous prenons 2. 3. ∥ 9. 10. il y aura mesme proportion arithmetique entre 2. & 3. qu'entre 9. & 10. c'est-à-dire que 10. surpasse 9. d'autant que 3. surpasse 2. De mesme 3. 5. ∥ 8. 10. sont en proportion arithmetique. Comme aussi 1. 5. ∥ 5. 9. ou 5. estant repeté deux fois, est le moyen arithmetique entre 1. & 9.

5. Dans la proportion arithmetique l'aggregé

des deux extrémes, est égal à l'aggregé des deux moyens, comme dans 2. 3. ∥ 9. 10. l'aggregé de 2. & de 10. est 12. & l'aggregé de 3. & de 9. est aussi 12. De mesme dans 3. 5. ∥ 8. 10. l'aggregé de 3. & de 10. est 13. & l'aggregé de 5. & de 8. est aussi 13. Et la raison de ceci est assez claire d'elle-mesme : car si 10. surpasse 8. aussi ce qu'on ajoûte à 8. sçavoir, 5. surpasse de tout autant ce qu'on ajoûte à 10. sçavoir 3. ainsi on fait l'égalité.

6. L'aggregé ou la somme du premier & du dernier terme est égal à la somme du 2. & du penultiéme ou du troisiéme de l'antepenultiéme, *&c.* comme dans le dernier exemple 1. & 9. font 10. & de mesme 2. & 8. ou bien 3. & 7. ou 4. & 6. font toûjours 10. & il reste au milieu 5. qui estant pris deux fois (comme équivalant à deux, puisqu'il est également éloigné du premier & du dernier) fait aussi 10.

7. Si l'on ajoûte le premier au dernier terme, & que l'on multiplie leur somme par la moitié du nombre des termes, le produit sera égal à l'aggregé de tous les termes ensemble, comme icy ajoutant 1. à 9. pour avoir 10. & multipliant 10. par 4. & $\frac{1}{2}$, (car il y a 9. termes) on fera 45. qui est la somme de tous les termes depuis 1. jusqu'à 9. Ceci est manifeste par la precedente.

8. Lorsque les termes de la progression sont continuellement proportionnels, c'est-à-dire, que le 1. est au 2. comme comme celuy-ci est au 3. & comme le 4. au 5. *&c.* alors la progression s'appelle *geometrique* comme 1. 2. 4. 8. 16. 32. ou bien 1. 3. 9. 27. 81. ou bien 3. 12. 48. 192. 768. ou bien 8. 4. 2. 1. $\frac{1}{2}$. $\frac{1}{4}$. $\frac{1}{8}$. $\frac{1}{16}$, *&c.*

9. La progression geometrique peut augmenter & diminuer à l'infini.

10. Lorsque la progression commence par 1. le second terme s'appelle *Racine* ou *Costé*, le 3e s'appelle *Quarré* & 2e degré, le 4e *Cube* & 3e degré, le 5e *Sursolide* ou 4e degré, le 6e *Quarré-quarré*, *&c.*

11. Si l'on prend quatre termes dont les deux premiers soient autant éloignez l'vn de l'autre dans la progression, que le sont les deux derniers, ils seront simplement proportionnels, & le produit des extrémes sera égal au produit des moyens. (6. 28.)

12. Soit la quantité A B divisée en C, en D, en E, en F, *&c.* en sorte que AB. AC :: AC. AD :: AD. AE, *&c.* je dis que BC. CD. DE. EF. *&c.* seront en progression geometrique continuellement proportionnels, & mesme que AB. AC :: BC.

A GF E D C B

CD :: CD. DE, *&c.* car puisque AB. AC :: AC. AD, il sera *dividendo* AB moins AC. (c'est-à-dire, CB.) AC :: AC moins AD, (c'est-à-dire DC.) AD. & par consequent *alternando* CB. DC :: AC. AD. ou :: AB. AC. ainsi de toutes les autres, on prouvera :: DC. ED :: FE :: GF, *&c.*

13. Soit vne progression de quantitez en ligne droite BC, CD, DE, EF, *&c.* soit prise C*d* égale au second terme CD, afin d'avoir *d*B, la difference du premier & plus grand terme au second, & que l'on fasse comme B*d* à BC :: ainsi BC. à vne 4. ligne, sçavoir, BA. je dis que si le nombre des termes BC, CD, DE, *&c.* est fini

pour grand que soit d'ailleurs ce nombre, tous ces termes pris ensemble, quand il y en auroit cent mille millions, seront plus petits que B A. Que si

A F E D C d B

l'on supposoit que ces termes fussent infinis en multitude; alors ces termes tous ensemble seroient précisement égaux à B A : car puisque par l'hypothese B *d* (c'est-à-dire B C moins C D) est à B C : : comme B C. (c'est-à-dire A B moins A C) est A B, on trouvera aisément que comme B C. C D : : A B. AC : : AC. AD. *&c.* & par consequent tous les termes CD, DE, EF, *&c.* se trouveront toûjours pardeçà le point A, duquel on s'approchera toûjours d'autant plus prés qu'on augmentera le nombre des termes; ainsi l'on voit bien que tous ces termes, (qui sont ce qu'on appelle dans l'Ecole *Parties proportionnelles*) quand ils seroient actuellement infinis, ne feront pas vne longueur infinie, puisqu'ils sont tous renfermez dans B A.

14. Cette demonstration se rend sensible dans vn exemple d'vne progression particuliere, dont les termes sont en raison double. Par exemple, B C. double de C D. & C D double de D E. *&c.* car si le nombre des termes est fini, quand il y en auroit cent millions, qu'on prenne le dernier & plus petit terme, par exemple F E, ajoûtons à ce dernier F E vne autre quantité qui luy soit égale, sçavoir, F A ; il est clair que E A sera égal au penultiéme terme ED: car ce penultiéme ED est double du dernier FE, par l'hypothese : or E A est aussi double de F E, puisque nous posons F A égal à E F. De mesme A E avec DE, c'est-à-dire, AD, sera égal

au suivant terme CD: & en suite AC sera égal à BC., De sorte que l'on voit par là que le premier & plus grand terme est toûjours égal à tous les autres ensemble, pourveu qu'on y ajoûte vne quantité égale au dernier & plus petit terme: mais que si on n'y ajoûte rien, le premier est toûjours plus grand que tous les autres pris ensemble. Si l'on suppose que ces termes soient actuellement infinis, alors le plus grand terme BC sera precisément égal à tous les autres infinis pris ensemble, CD, DE, EF, *&c.* car l'on voit bien que plus on ajoûte de termes, plus aussi on avance vers A, en retranchant toûjours la moitié de ce qui reste. Or retranchant ainsi continuellement d'vne quantité la moitié, & de ce qui reste encore la moitié, & puis encore la moitié de ce qui reste, il est manifeste que si l'on supposoit qu'on eust retranché actuellement vne infinité de fois ainsi la moitié, il ne resteroit plus rien. Cela se peut aussi demonstrer par la reduction à l'impossible, en montrant que tous ces termes infinis pris ensemble ne sont ni plus grands, ni plus petits que BA.

15. Par là on peut resoudre des difficultez que l'on fait dans les Ecoles contre la divisibilité du continu, & que ceux qui ne sçavent pas la Geometrie pensent estre insolubles: mais qui au fond ne sont que de purs paralogismes.

16. Si l'on met deux progressions, l'vne arithmetique, & l'autre geometrique, en sorte que les termes de l'vne répondent vis-à-vis des termes de l'autre, les termes de l'arithmetique s'appelleront *Logarithmes*, comme

0.	1.	2.	3.	4.	5.	6.	7.	8.
1.	2.	4.	8.	16.	32.	64.	128.	256.

17. Ce qui se fait par multiplication & par division dans la progression geometrique, se fait par addition & par soustraction dans les logarithmes, Comme si ayant les trois nombres 2. 8:: 64. on veut chercher le quatriéme nombre proportionnel dans la progression geometrique, il faut multiplier 8. par 64. (qui sont les deux termes moyens) car le produit 512. sera égal (6.28.) au produit de 2. & de cét autre quatriéme nombre, qui doivent estre les extrémes des 4. proportionnaux : ainsi pour trouver ce quatriéme nombre, il faut seulement diviser 512. par 2. & l'on aura 256. ainsi 2. 8 :: 64. 256. de sorte que 64. & 256. seront autant éloignez l'vn de l'autre dans l'ordre de la progression que le sont 2. & 8. (8.11.) mais si au lieu des nombres geometriques 2. 8 :: 64. on avoit pris les logarithmes qui leur répondent, sçavoir, 1. 3 :: 6. & qu'on eust voulu trouver le quatriéme logarithme, il auroit falu ajoûter 3. à 6. pour avoir 9. & oster 1. de 9. pour avoir 8. qui seroit le logarithme qui répond au nombre geometrique 256.

18. De mesme si l'on prend deux nombres geometriques 4. & 8. sur lesquels répondent les logarithmes 2. & 3. en multipliant 4. par 8. on aura 32. qui sera sous le logarithme 5. lequel provient de l'addition de 2. & de 3.

19. De mesme prenant 16. & le multipliant par luy-mesme, on aura 256. qui sera sous le logarithme 8. lequel provient de 4. ajoûté à soy-mesme.

20. Ainsi si l'on veut trouver le nombre geometrique qui seroit sous le logarithme 16. il faudroit prendre 256. qui est sous 8. & le multiplier par soy-mesme, & on auroit 65536.

21. Que si encore on veut avoir le nombre geometrique qui devroit répondre au logarithme 23.

il faut prendre deux logarithmes, qui joints ensemble fassent 23. comme 7. & 16. & multiplier les nombres geometriques qui leur répondent l'vn par l'autre, sçavoir, 128. (qui est sous 7.) par 65536. (qui doit estre sous 16) & le produit 8388608. sera celuy qui doit estre sous le 23. logarithme, c'est-à-dire, qui doit estre à la vingt-quatriéme place, aprés le premier nombre 1.

22. D'où l'on voit comment on peut aisément répondre à la demande qu'on fait ordinairement, à combien reviendroit vn cheval qu'on acheteroit en cette sorte, que pour le premier clou du fer on donneroit vn double, & pour le second clou deux doubles, pour le troisiéme quatre doubles, pour le quatriéme huit, & ainsi jusqu'au vingt-quatriéme? car le vingt-quatriéme cousteroit 8388608. doubles, c'est-à-dire, 69905. livres 8. doubles, & en doublant cette somme (suivant 8. 14.) on trouvera que tout le cheval aura cousté 139810. livres.

23. Si l'on avoit dans de grandes tables d'vn livre deux longues progressions toutes faites, qui se répondissent ainsi, l'vne geometrique, & l'autre arithmetique; on s'épargneroit bien de la peine à calculer pour trouver les nombres geometriques: car si l'on nous donnoit ces trois nombres 32. 64. 128. & qu'on demandast le quatriéme geometrique; au lieu de multiplier 64. par 128. & de diviser le produit par 32. (ce qui est fort ennuyeux dans les grands nombres) il ne faudroit que prendre le logarithme des trois nombres donnez, sçavoir, 5. 6. 7. ajoûter 6. à 7 & du produit 13. oster 5. & il resteroit 8. qui seroit le logarithme du quatriéme geometrique; de sorte que consultant la table pour voir quel nombre répond à 8. je trouverois 256.

24. Mais parce que dans vne progression geometrique, comme celle-cy tous les nombres ne se trouvent pas, on a trouvé le moyen de faire deux progressions, dont l'vne qui contient tous les nombres 1. 2. 3. 4. 5. *&c.* & qui semble estre la progression arithmetique, a neanmoins les proprietez de la geometrique; & l'autre qui contient des nombres en apparence plus irreguliers, est neanmoins la progression arithmetique. Voici vne ligne qui fait comprendre parfaitement tous ces mysteres.

25. Soit la ligne droite A E divisée par parties

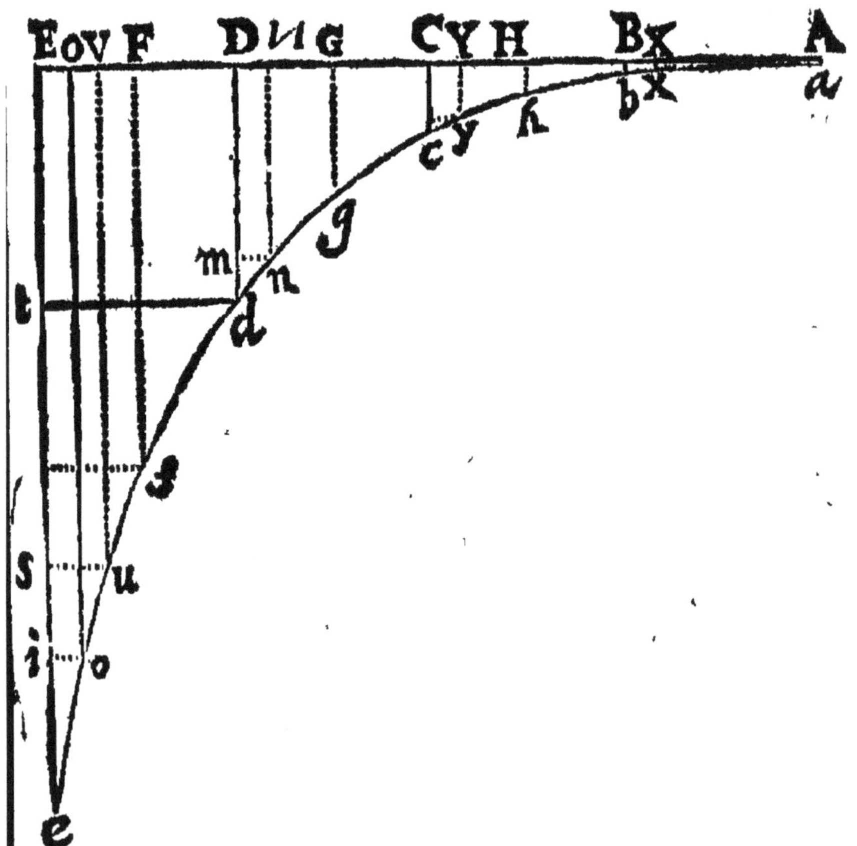

égales A B, B C, C D, D E, *&c.* Par les points A, B, C, *&c.* soient imaginées les lignes droites

Aa, *Bb*, *Cc* paralleles entre elles, qui ſoient en progreſſion geometrique : par exemple qu'A*a* eſtant 1. B*b* 10. C*c* ſoit 100. D*d* 1000. E*e* 10000 *&c.* nous aurons deux progreſſions de lignes, l'vne

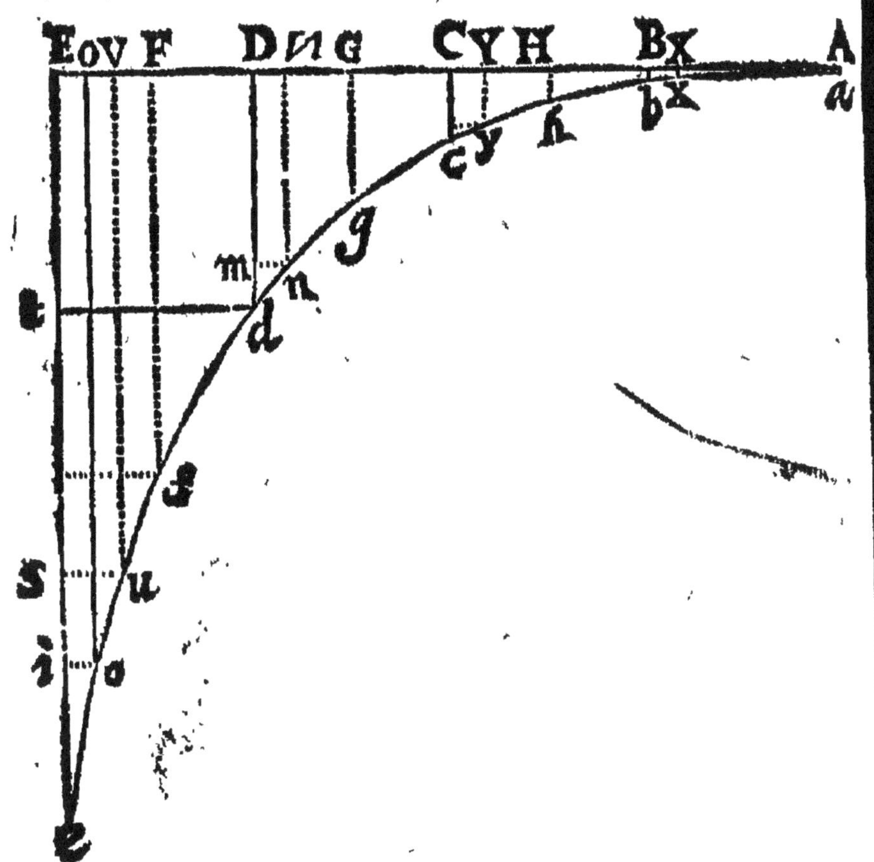

arithmetique, & l'autre geometrique : car les lignes AB, AC, AD, AE. ſeront en progreſſion arithmetique, comme 1. 2. 3. 4. ainſi repreſenteront les logarithmes auſquels répondront les lignes geometriques A*a*, B*b*, C*c*, *&c.*

26. Chacune des parties ED, DC, *&c.* ſoit diviſée également en F, G, H, *&c.* & ſoient tirées les paralleles F*f*, G*g*, *&c.* moyennes proportionnelles entre leurs collaterales, c'eſt-à-dire, E*e*,

Ff :: Ff. Dd :: Dd, Gg, *&c.* Derechef ſoient encore tirées d'autres moyennes proportionnelles par le milieu de chaque partie E F, F D, D G, *&c.* & ainſi de ſuite juſqu'à ce que ces lignes paralleles ſoient fort prés les vnes des autres, & qu'enfin on imagine vne ligne courbe qui paſſe par les extremitez de toutes ces paralleles *efdg*, *&c.* & on aura vne ligne dont les proprietez ſont tres-conſiderables, & les vſages tres-grands, comme l'on verra en ſon lieu.

27. Si cette figure avoit eſté formée ſur vne fort grande table, & avec toute la juſteſſe requiſe, on pourroit diviſer chaque partie A B, B C, *&c.* non ſeulement en 100. ou en 1,000. mais en 10,000 ou en 100,000. ou en davantage. De ſorte que AB eſtant de 100,000. A C. ſeroit de 200,000. & A D de 300,000, *&c.* ce qui eſt toûjours en progreſſion arithmetique.

28. La ligne E *e* eſtant ſuppoſée de 10,000 parties, imaginons que par chacune de ces parties ſoient tirées des paralleles à la ligne AE, qui coupent la courbe en autant de points. Par exemple, ſoit la ligne *io* tirée par la partie 9,900. de E*e*, qui coupe la courbe au point *o*. Soit encore la parallele *o*O, qui coupe la ligne A E, au point O dans la 399,563. partie, & l'on connoiſtra par là que 399,563. eſt le logarithme de 9,900. De meſme ſi S *u* paſſoit par la partie 9,000 de la ligne E *e*, & que *u* V coupaſt la ligne A E dans la 395,424. ce nombre-cy ſeroit le logarithme de 9,000. *&c.*

29. Ainſi l'on pourroit faire vne table de logarithmes depuis 1. juſqu'à 10,000. & meſme encore plus avant, ſi l'on vouloit allonger la ligne AE.

30. Remarquez qu'il ſuffit pour avoir tous ces logarithmes depuis 1. juſqu'à 10,000. de trouver

les logarithmes depuis 1,000 jusqu'à 10,000. c'est-à-dire, (aprés avoir tiré la parallele *dt*) en prenant les logarithmes de toutes les parties depuis *t* jusqu'à *e*, dont les logarithmes sont terminez entre E & D : car avec cela on aura les logarithmes de toutes les autres parties qui sont depuis *t* jusqu'à E, & dont les logarithmes sont entre D & A. Par exemple O *o* estant de 9,900 parties, & son logarithme 399,563. ce mesme nombre servira aussi de logarithme pour *n* N 990. & pour *y* Y 99. en changeant seulement le premier chifre 3. parce que suivant la composition de cette ligne ON ou NY, doivent estre égales à E D ou D C; ce que chacun pourra aisément demonstrer. Ainsi O N, ou N Y contiendront 100,000. & puisque A O est 399,563. ostant O N 100,000. il restera 299,563 pour A N, duquel ostant encore 100,000. il restera 199,563 pour A Y, & de mesme façon ayant A V 395,424. pour logarithmes de V*u* 9,000. On aura aussi 095,424. pour logarithmes de X *x* 9. ou 195,424. pour logarithmes de 90. ou 295,424. pour logarithmes de 900.

31. Tout ceci se peut aussi reduire en pratique par le calcul, sans faire en effet ces figures ; mais seulement en se les imaginant toutes faites : car par l'arithmetique on peut trouver vn nombre moyen proportionnel F *f* entre les deux D *d* & E *e*, & aprés cela encore des moyens entre D *d* & F *f*, ou entre F *f* & E *e*, *&c*. Mais ce que nous venons d'expliquer est suffisant pour donner toute la connoissance que nous devons avoir de la nature & de l'artifice des logarithmes : car on ne doit pas se mettre en peine de les calculer en effet, & de les trouver, puisque tout cela est déja tout fait : Dieu, pour le bien public, ayant suscité des personnes à

qui il a donné assez de patience pour supporter l'ennui d'vn travail qui devroit paroistre insupportable: car nous sçavons que plus de 20. personnes gagées pour cela ont passé plus de 10. ans à calculer avec vne assiduité infatigable.

32. Outre ces deux progressions il y en a vne troisiéme qu'on appelle *Harmonique*, lorsqu'en prenant trois termes qui se suivent immediatement, on trouve que le plus grand est au plus petit, comme la difference du plus grand & du moyen est à la difference du moyen & du plus petit, comme 30. 20. 15 12. &c. sont en progression harmonique; car en prenant 30. 20. 15. la difference de 30. & de 20. est 10. la difference de 20. & 15. est 5. or 10. 5 :: 30. 15.

33. Cette progression peut diminuër à l'infini, mais non pas augmenter.

Tout ce que l'on a dit jusqu'à present de cette progression, n'est pas de grand vsage, & je ne veux pas m'engager à dire ici des choses extraordinaires.

34. Il y a encore la progression des quarrez, ou celle des cubes ou des quarrequarrez, sursolides, quarrecubes, &c. comme 1. 4. 9. 16. 25. 36. &c. qui sont tous les quarrez dont les racines sont les nombres naturels 1. 2. 3. 4. 5. 6. &c. De mesme 1. 8. 27. 64. 125. 216. qui sont les cubes des mesmes nombres. De mesme 1. 16. 91. 256. 625. 1296. qui sont les quarrequarrez des mesmes nombres, &c.

35. Dans la progression des quarrez mettant 0 pour premier terme, ainsi 0. 1. 4. 9. 16. &c. la somme de tous les termes est plus grande que le tiers du dernier terme multiplié par le nombre des termes, & cét excés qui est au dessus du tiers, est à proportion d'autant plus petit que le nombre des termes est plus grand. De mesme dans la progres-

sion des cubes, cette somme des termes est plus grande que le quart : & dans les sursolides, elle est plus grande que la cinquiéme partie, & ainsi consecutivement des autres. Pour prouver ceci, il suffit d'en faire vne induction, comme l'on voit

1	0	0	0	
2	1	1	2	$\frac{1}{2}$ ou $\frac{1}{3}$ † $\frac{1}{6}$
3	4	5	12	$\frac{5}{12}$ ou $\frac{1}{3}$ † $\frac{1}{12}$
4	9	14	36	$\frac{7}{18}$ ou $\frac{1}{3}$ † $\frac{1}{18}$
5	16	30	80	$\frac{9}{24}$ ou $\frac{1}{3}$ † $\frac{1}{24}$
6	25	55	150	$\frac{11}{30}$ ou $\frac{1}{3}$ † $\frac{1}{30}$
7	36	91	252	$\frac{13}{36}$ ou $\frac{1}{3}$ † $\frac{1}{36}$

dans cette table, où le second rang contient la progression des quarrez depuis 0. Le troisiéme rang contient les sommes des termes. Par exemple, l'on y voit que la somme depuis 0 jusqu'à 9 est 14. Le quatriéme rang contient le produit de chaque terme multiplié par le nombre des termes qui sont depuis 0 jusqu'à luy ; lequel nombre est marqué dans le premier rang, comme 36. est le produit de 9, multiplié par 4. Le cinquiéme rang contient des fractions qui marquent la proportion des nombres du troisiéme & du quatriéme rang, comme vis-à-vis de 14 & de 36. on trouve $\frac{7}{18}$; ce qui veut dire que 14. est à 36. comme 7. à 18. & qu'ainsi la somme des termes 14. est au produit de 9. multiplié par 4. sçavoir, à 36. comme 7. à 18. Davantage dans ce mesme cinquiéme rang, aprés $\frac{7}{18}$. on voit encore ces caracteres; (ou $\frac{1}{3} + \frac{1}{18}$) ce qui veut dire que $\frac{7}{18}$ valent autant qu'vn tiers, & de plus vne dix-huitiéme partie : de sorte que la somme 14. est le tiers du produit 36. & outre cela encore il contient de plus vne dix-huitiéme partie de 36. De mesme on trouve que 30. qui est la somme des termes jusqu'à 16. est plus du tiers de 80, qui est le produit de 16. par 5. & l'excés est $\frac{1}{24}$: or $\frac{1}{24}$ n'est pas tant que $\frac{1}{18}$; ainsi l'on voit dans la suite de cette table que ces excés qui sont au dessus du tiers, vont toûjours en diminuant à mesure que le nombre des termes croist : car ces excés sont $\frac{1}{24}$ $\frac{1}{30}$ $\frac{1}{36}$ $\frac{1}{42}$ $\frac{1}{48}$, &c. le denominateur de la fraction augmentant toûjours de six.

36. Si l'on fait vne table semblable pour les cubes, on trouvera que les fractions qui seront au dessus du quart diminuëront toûjours en valeur, leur denominateur augmentant de 4. à chaque nouveau terme qu'on ajoûtera à la progression, & de mesme à l'égard des autres progressions, on trouvera par de semblables tables, ce qui a esté dit generalement dans la proposition precedente.

Tout ceci sera tres-vtile dans la suite de cette Geometrie, où l'on traitera encore de quelques autres progressions.

LIVRE DERNIER.

Problemes, ou la Geometrie pratique.

1. ON appelle *Probléme* en Geometrie, vne propoſition qui enſeigne à faire quelque choſe, & qui en demonſtre la pratique, au lieu que les *Theoremes* ſont des propoſitions ſpeculatives, dans leſquelles on conſidere les proprietez des choſes toutes faites.

2. D'vn point donné *a* dans vne ligne *bac*, tirer vne perpendiculaire. Prenez avec le compas deux parties égales de part & d'autre *ac*, & *ab*: il n'importe point que ces parties ſoient grandes ou petites, pourveu qu'elles ſoient égales. Ouvrez le compas vn peu davantage, & des points *b* & *c*, comme des centres, tirez l'vn aprés l'autre, deux petits arcs ſemblables qui ſe croiſent au point *d*. Puis appliquant la regle ſur les points *a* & *d*, tirez la ligne *ad*, & ce ſera la perpendiculaire requiſe. (2.16.)

3. D'vn point donné *d* tirer vne perpendiculaire vers la ligne *bac*. Du centre *d* faites vn arc de cercle qui coupe la ligne en deux endroits *b* & *c*: puis de ces deux points *b* & *c* tirez avec la meſme ouverture du compas, deux petits arcs qui ſe croiſent en *e*, la ligne *de* ſera la perpendiculaire requiſe. (2.16.)

4. Quand

4. Lorſque les points donnez *a* ou *d* ſont vers les extremitez du papier ou de la ſurface où l'on doit faire la figure, & qu'on ne peut pas prendre vne diſtance raiſonnable au delà du point *a*, ſuivant les pratiques precedentes; alors il faut faire ainſi. Quand le point *a* eſt donné dans la ligne, prenez tel point que vous voudrez vers *e*, & de là comme du centre tirez vn cercle qui paſſe par *a*, & qui coupe la ligne en *b*: puis de *b* tirez la ligne *b e*, qui eſtant continuée aille couper le cercle en *d*; la ligne *d a* ſera perpendiculaire ſur *b a*. (4. 14.) Que ſi le point *d* eſt donné hors la ligne, & non pas le point *a*, tirez vne ligne telle que vous voudrez *d b*, & du milieu de cette ligne *e* faites vn cercle *b a d* qui coupe *b a* en *a*; la ligne *d a* ſera la perpendiculaire requiſe. (4. 14.)

5. D'vn point donné tirer vne parallele à vne ligne donnée. Soit la ligne donnée *a b*, & le point *c* par lequel il faut tirer vne parallele: du point *c* comme d'vn centre, faites vn arc de cercle qui coupe la ligne donnée en *a*: dans la meſme ligne donnée prenez vn point *b* tel que vous voudrez, le plus éloigné neanmoins qu'il ſe pourra du point *a*, & de ce point *b* à la meſme ouverture de compas faites vn autre arc de cercle *d*: prenez avec le compas la diſtance *a b*, & à cette meſme ouverture du point *c* comme du centre, faites vn arc qui coupe l'autre en *d*, appliquant la regle ſur les deux points *c* & *d*, vous aurez la li-

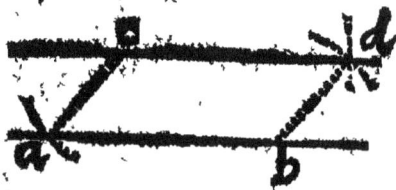

gne *cd* parallele à *ab*: car le quadrilatere *cabd* a les costez opposez égaux par l'operation, & par consequent il est parallelogramme par la converse de la 9. proposition du livre 1.

6. Entre deux lignes données *ae* & *ec*, trouver la moyenne proportionnelle. Aprés avoir mis les deux lignes l'vne aprés l'autre en ligne droite, pour en faire la ligne totale *ac*, prenez-en le milieu *f*, & de ce point *f* décrivez le cercle *abc*: levez la perpendiculaire *eb* qui coupe la circonference du cercle au point *b*, la ligne *eb* sera moyenne, en sorte que *ae. eb :: eb. ec.* (6. 66.)

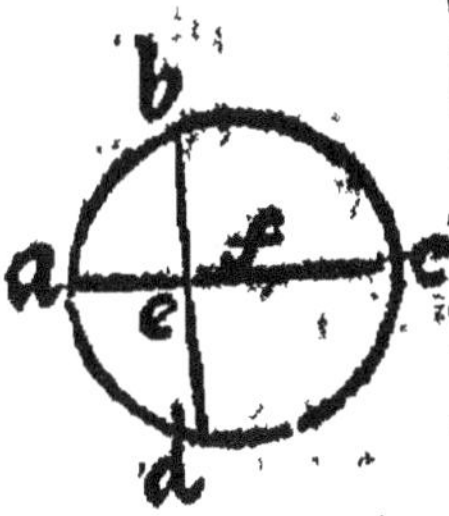

7. Faire vn quarré égal à vn rectangle donné. Prenez la moyenne entre les costez du rectangle, & le quarré sur cette moyenne sera le requis. (6. 59.)

8. Trois lignes estant données, trouver la quatriéme proportionnelle. Soient les lignes données *ad*, *de*, *ab*, aprés avoir mis *ad* & *ab* l'vne sur l'autre, & *de* de travers pour faire vn triangle *ade*, continuez le costé *ae* vers *c*, & du point *b* tirez la parallele *bc*, je dis que *bc* sera la quatriéme proportionnelle requise, & que *ad. de :: ab. bc.* (6. 43.)

9. Faire vn parallelogramme rectangle égal à vn triangle donné *aeb*. Par le sommet *e* tirez *ec* parallele à la base *ab*, le rectangle *ab dc* sera double du triangle *aeb*: (1. 18.) ainsi en partageant la base *ab* en deux également & élevant vne perpendiculaire, on fera vn rectangle égal au triangle.

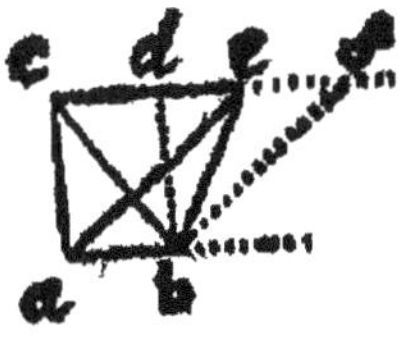

10. Un rectangle eſtant donné, faire vn autre rectangle qui luy ſoit égal, & qui ait la longueur donnée. Soit le rectangle donné *abc*, & qu'il en faille faire vn autre égal, qui ait pour coſté la longueur *ef*. Ici nous avons trois lignes données, ſçavoir *ab*, *bc*, (qui ſont les coſtez du rectangle donné) & *ef* qui doit eſtre vn coſté de l'autre rectangle que l'on veut faire. On doit chercher maintenant vne quatriéme ligne, pour eſtre le deuxiéme coſté de ce rectangle. Ayant ces trois lignes données, trouvez-en la quatriéme proportionnelle (9.8.) qui ſoit *eh*, en ſorte que *ef*. *ab* :: *bc*. *eh* : je dis que le rectangle *feh* ſera le requis égal au rectangle *abc*. (6.27.)

11. Quarrer quelque polygone que ce ſoit. Reduiſez le polygone en triangles, (3. 22. ou 24.) faites autant de rectangles égaux à ces triangles, (9.9.) en ſorte que tous ces rectangles ayent vne meſme longueur : (9. 10.) joignez tous ces rectangles enſemble pour en faire vn rectangle total, & faites vn quarré (9.7.) égal à ce rectangle, & vous aurez ce que vous pretendiez.

12. Diviſer vn cercle ou en quatre & en ſix, & tous les arcs en deux parties égales. Pour le diviſer en 4. il faut tirer deux perpendiculaires par le centre, comme *dac* & B*ae*. Si on veut le diviſer en 8. on n'a qu'à diviſer en deux chaque arc B*c*, *ce*, *&c.* ce qui ſe fait en décrivant des points B & *c*, deux arcs de cercles à la meſme ouverture du compas : car du point où ces deux arcs ſe croiſent, on tirera vers le centre *a* vne ligne qui

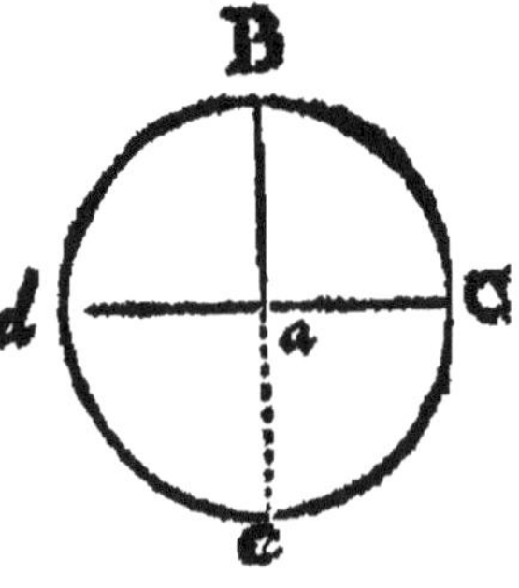

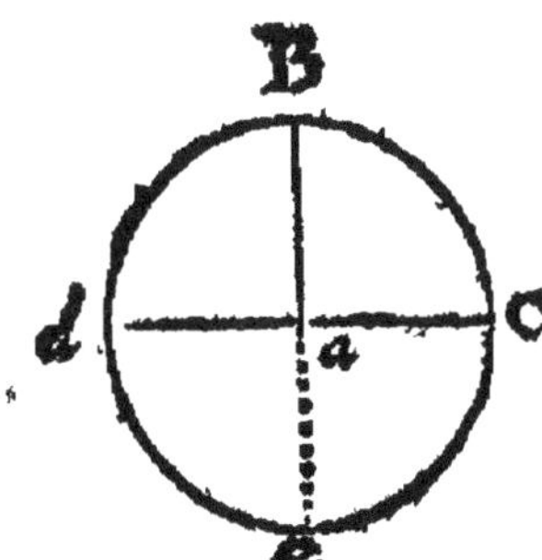

divisera l'arc B c en deux également : ainsi faut-il faire à l'égard des autres arcs. Pour diviser le cercle en six, il ne faut que prendre avec le compas le demi-diametre : car l'appliquant six fois tout autour sur la circonference, il la mesurera parfaitement ; ainsi on peut ensuite diviser le cercle en 12. & en 24. & en 48. &c.

13. Diviser vn cercle en cinq, en quinze, & en d'autres parties égales. Cela se peut faire geometriquement en cette maniere, que je demonstre dans l'Algebre. Faites vn triangle rectangle, dont vne jambe soit le demi-diametre du cercle, & l'autre la moitié du demi-diametre. De l'hypothenuse de ce triangle ostez la moitié du demi-diametre, ce qui restera sera la corde de 36. d. & le costé d'vn decagone. En doublant cét arc on aura l'arc de 72. d. qui est la cinquiéme partie du cercle, & la corde de ces 72. d. sera l'hypothenuse d'vn triangle rectangle, dont vne jambe est le diametre, & l'autre le costé du decagone. Or comme d'ailleurs on a aussi trouvé 60. d. on aura encore la difference de 36. à 60. sçavoir, 24. d. qui est la quinziéme partie du cercle. Mais pour la pratique le plus court & le plus seur c'est de chercher avec le compas à diverses reprises vne ouverture, qui estant appliquée cinq fois tout autour du cercle, le mesure precisément : aprés cela chacune de ces parties se divisera de mesme façon en trois, en cherchant avec le compas & revenant quand on n'a pas bien trouvé juste du premier coup : ainsi on aura le cercle divisé en 15. Que si chacune de ces 15. parties se divise encore en

quatre, & chacune de ces quatre en ſix, on aura tout le cercle diviſé en 360. degrez. Et cette diviſion eſt tres-commode pour l'vſage. Remarquez qu'on n'a pas trouvé le moyen de diviſer geometriquement vn arc en trois parties égales, ni en cinq, ni en ſept, ni en d'autres nombres impairs, je dis geometriquement, en ne ſe ſervant que de la regle & du compas.

14. Cette diviſion du cercle en 360. degrez eſt encore plus vtile quand on ſçait ſe ſervir du *Compas de proportion* : c'eſt vne ſorte de compas qui a les branches plates, *a* B, *a* C, ſur leſquelles il y a diverſes lignes & diverſes diviſions, dont celles qui ſont le plus en vſage ſe reduiſent à deux : car ſur vn coſté du compas il y a vne ligne, en chaque branche *a e* B, & *a e* C, qui ſert à diviſer tout d'vn coup vn cercle en 360. & pour en prendre tout autant de degrez que l'on voudra. Cette diviſion du compas ſe fait ainſi. Imaginez le demi-cercle *a* E D B qui ſoit parfaitement diviſé en ſes 180. degrez ; ſi du centre *a* par chaque degré on tiroit des arcs qui coupaſſent la ligne *a e* B : par exemple, ſi du 60. degré E on tiroit l'arc E *e*, & ſi du 90. degré D on tiroit l'arc D *d*, *&c.* il faudroit marquer 60. dans la branche du compas, vis-à-vis de *e*, & 90. vis-à-vis de *d*, *&c.* Que ſi l'on en faiſoit autant dans l'autre branche *a* C, on auroit ce coſté du compas diviſé comme il faudroit.

15. L'vſage de ce coſté du compas eſt tel. Soit le cercle donné A *f*, prenez avec le compas ordinaire le demi-diametre A *f*, & puis appliquant vne pointe de ce meſme compas ordinaire ſur le

point *e*, c'eſt-à-dire, ſur le 60. degré d'vne branche du compas de proportion, écartez ou approchez l'autre branche, en ſorte que l'autre pointe du compas ordinaire tombe preciſément ſur le point *e* de l'autre branche du compas de proportion, afin que la diſtance *e e* ſoit égale au demi-diametre A*f*; alors ſi vous voulez trouver tout d'vn coup 90. degrez du cercle donné, mettez les deux pointes du compas ſur les deux points *d*, *d*, & transportez cette diſtance ſur *fg*, & vous aurez l'arc *fg* de 90. degrez. Que ſi vous vouliez prendre 35. degrez, vous n'auriez de meſme qu'à appliquer les pointes du compas ordinaire ſur les points des lignes *a*B, *a*C, dans leſquels eſt le 35. degré, & tranſporter cette diſtance ſur le cercle donné, & ainſi faudroit-il faire pour tout autre degré que ce ſoit. Tout cela eſt fondé ſur les propoſitions 42. 43. 49. 50. du livre ſixiéme: car comme tous les cercles ſont figures ſemblables, (6. 50.) la corde *fg* ſera au demi-diametre A*f* comme la corde *a* D au demi-diametre *a* D, c'eſt-à-dire, comme *ad* à *ae*. D'ailleurs les triangles *add* & *aee* ſont ſemblables, & ainſi *dd*. *ee*: : *ad*. *ae*. Or *dd* a eſté fait égal à *fg*, & *ee* à A*f*: donc *fg*. A*f*: : *ad*. *ae*.

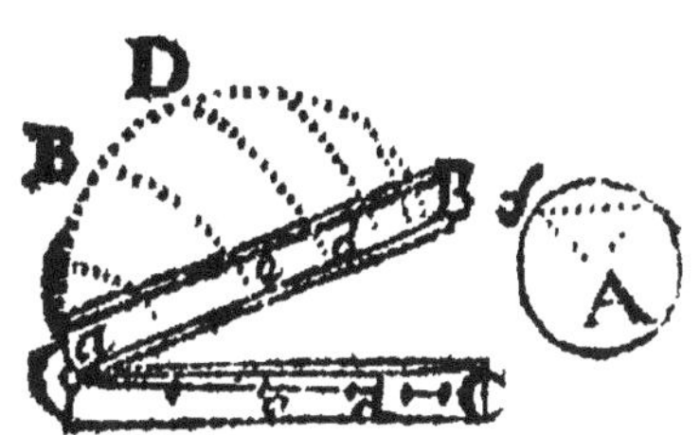

16. De l'autre coſté du compas de proportion on met deux autres lignes qui ſont diviſées chacune en 100. ou en 200. &c. parties égales, & cela ſert pour diviſer tout d'vn coup vne ligne donnée en autant de parties que l'on vou-

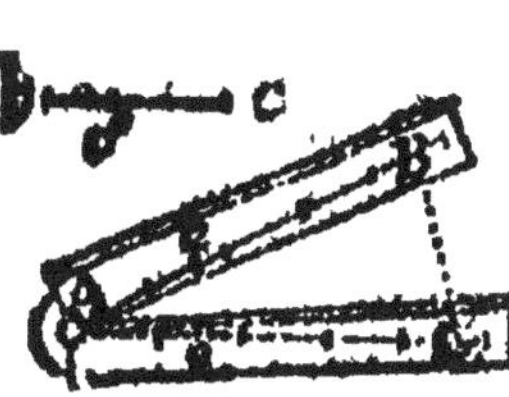

dra. Par exemple, soit la ligne donnée *bc*, & qu'il en faille prendre $\frac{27}{99}$, c'est-à-dire, 7. nonante-neufiémes parties, il faudroit pour cela diviser toute la ligne *bc* en 99. parties égales, pour en prendre ensuite 27. ce qui seroit bien long à faire; mais avec le compas de proportion on le fait bien aisément. Prenez avec le compas ordinaire la longueur de la ligne *bc*, & appliquant vne pointe sur la quatre-vingts dix-neufiéme partie B d'vne branche du compas de proportion, approchez ou écartez l'autre branche, en sorte que l'autre pointe tombe precisément sur la 99e partie C de l'autre branche; alors mettez les deux pointes sur la 27e partie *e e* de l'vne & de l'autre branche, & transportez la distance *ee* sur *bf*, & *bf* sera justement $\frac{27}{99}$ de toute la ligne *bc*; ce qui est aussi fondé sur ce que les triangles ABC & A*ee* sont semblables.

17. Sur vne ligne donnée faire vn angle de tant de degrez que l'on voudra. Soit la ligne donnée *ac*, & qu'il faille y faire vn angle de 30. degrez. Du point *a*, comme du centre, faites vn cercle *cf*, dans lequel vous prendrez avec le compas de proportion, ou autrement, 30. degrez depuis jusqu'à *f*, & par ce 30. degré vous tirerez la ligne *af*, qui avec la ligne *ac* fera vn angle de 30. d.

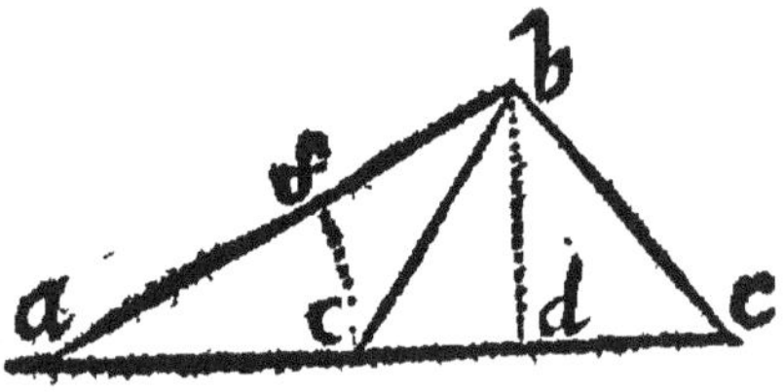

18. Connoissant les angles d'vn triangle, & vn costé, trouver les autres costez. On vous dit qu'il y a vn triangle dans le monde, dont la base AC a dix toises, & les deux angles d'autour de la base

ſont l'vn ACB de 150. degrez, & l'autre CAB de 20. (& par conſequent le troiſiéme angle vers la pointe ſera de 10. afin que tous trois 150. 20. 10. enſemble faſſent 180. c'eſt-à-dire, deux droits) & on vous demande combien de toiſes doit avoir chacun des deux autres coſtez AB, CB. Faites ſur du papier, ou plûtoſt ſur du carton fin, vn triangle ſemblable *acb*, en cette ſorte, prenez vne baſe à diſcretion *ac* de 10. pouces, ou de dix autres parties telles qu'il vous plaira : ſur *ca* faites deux angles, l'vn *cab* de 20. degrez, & l'autre *acb*

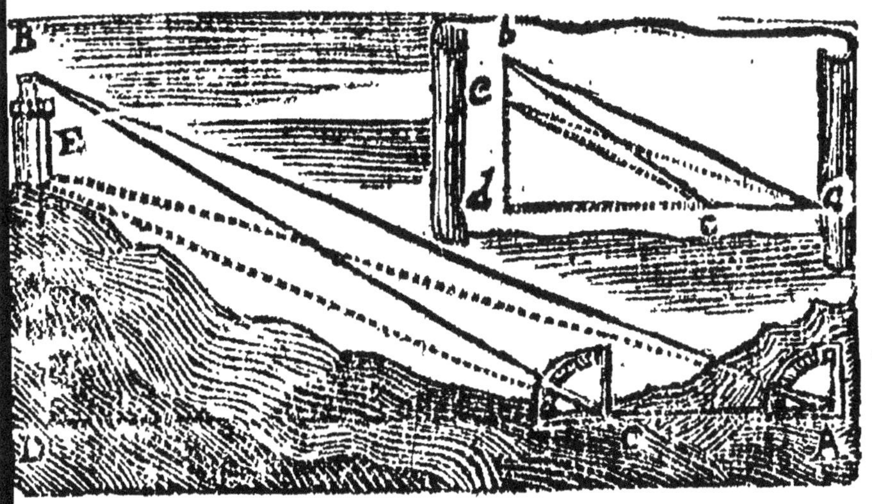

de 150. degrez, (9. 17.) les deux lignes *ab*, *cb* ſe croiſeront en quelque part, ſçavoir, en *b*. Meſurez donc combien de pouces il y a dans *ab* ou dans *cb* : car vous ſerez aſſuré que tout autant de pouces que vous aurez trouvé en *ab*, il y aura auſſi tout autant de toiſes dans AB, & de meſme dans CB, autant que dans *cb*. Car puiſque les triangles ſont ſemblables ayant les angles égaux, *ac* ſera à *ab* :: comme AC à AB.

49. C'eſt ainſi que l'on meſure les diſtances, les hauteurs, les profondeurs, & generalement toutes

les grandeurs des lieux éloignez & inaccessibles ; car si au haut d'vne montagne qui paroist de loin il y a vne tour B E, & qu'on veuïlle en observer la distance & la hauteur ; il faut avec quelque sorte d'instrument, (comme est vn Quart-de-nonante, c'est-à-dire, vn quart de cercle divisé en 90. degrez avec vne regle qui roule autour du centre, laquelle s'appelle *Alidade*) il faut, dis-je, avec cét instrument prendre deux angles de deux divers endroits en cette maniere. Si vous estes en A, placez l'instrument en telle sorte qu'vn costé réponde justement à la ligne horizontale A D sans hausser, ni baisser de part ou d'autre : mettez l'œil en A, c'est-à-dire, vers le centre de l'instrument, & tournez la regle en telle sorte qu'elle soit dirigée vers la pointe de la tour B ; si bien que cette regle rase ainsi vostre rayon visuel, par lequel vous regardez la pointe B ; alors cette regle vous marquera dans la circonference, de combien de degrez est l'angle B A D : car les degrez sont marquez dans cette circonference de l'instrument. Aprés cela changez de place, & avancez-vous de 10. toises (ou de telle autre distance qu'il vous plaira) jusqu'à C, & là prenez derechef vn autre angle B C D, par le moyen duquel vous aurez l'autre angle de suite B C A, puisque ces deux ensemble sont égaux à deux droits : ainsi dans le triangle A C B vous connoissez la base que vous avez prise de 10. toises : vous connoissez encore les deux angles qui sont sur la base ; & par consequent vous avez dequoy connoistre le costé C B, ou le costé A B. Vous connoistrez encore la hauteur B D, ou la distance A D, si dans le petit triangle semblable vous tirez du point *b* vne perpendiculaire *b d* ; car B D ou A D auront autant de toises que *b d*, ou *a d* auront de pouces. Que si aprés avoir pris la hauteur B D, on prend encore par la mesme methode la hauteur E D; on aura aussi la grandeur B E depuis le haut jusqu'au bas de la tour.

20. Prendre le plan d'vne place. Soit vne ville ou autre place A B C D E, & qu'on vous ordonne d'en prendre le plan, & d'en faire la figure; prenez toutes les distances des costez & des lignes tirées d'angle à angle, & rapportez les à proportion dans vne figure sur du papier : par exemple, ayant trouvé qu'A B est de 30. toises, B C de 59. C D de 50. B E de 67. A E de 49. &c. aprés avoir fait vne échelle sur du papier divisée en 100. petites parties, faites vne ligne *ab* de 30. parties, *be* de 67. *ae* de 49. ces lignes jointes ensemble font le triangle *abe* tout semblable au triangle A B E, & continuant ainsi à faire *bec* semblable à B E C, &c. vous aurez vne figure totale *abcde* semblable à la place A B C D E.

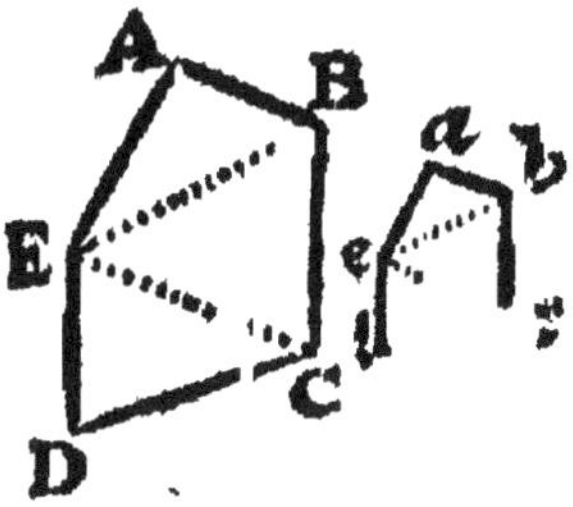

21. Que si on ne peut pas entrer dans la place ou la percer pour mesurer la distance des angles B E, E C, il faut prendre les angles de la place, & les rapporter sur la figure, en sorte que si l'angle B A E est de 66. degrez, l'angle *bae* soit aussi de 66. degrez : ainsi des autres.

22. Faire la carte d'vne ville ou d'vn païs. Montez sur deux lieux élevez A & B, d'où l'on puisse découvrir la ville ou le païs dont vous voulez faire la carte; ayez vn quart de 90. ou vn cercle tout entier, ou bien vn demi-cercle seulement divisé par degrez avec son alidade au centre; placez premierement l'instrument sur A, en sorte qu'vn de ses

costez réponde d'A vers B : l'instrument estant ainsi placé & affermi, regardez les clochers, les maisons extraordinaires, ou les montagnes & autres endroits considerables comme E, D, C, *&c.* & prenez tous ces angles avec l'alilade, & écrivez tout cela pour vous en souvenir; l'angle CAB, par exemple, est de 50. degrez 30'. l'angle DAB

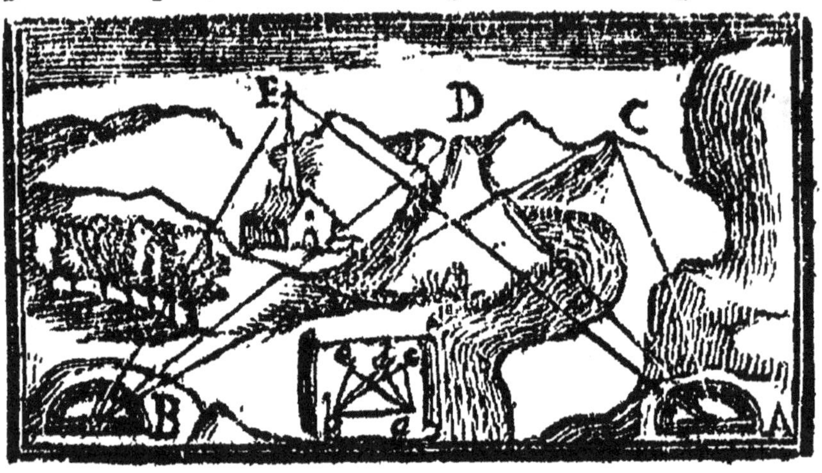

de 45. degrez 8'. *&c.* puis faites-en autant de dessus B. & écrivez, l'angle ABC est de 40. d. 10'. l'angle ABD de 47. d. 28'. *&c.* Aprés quoy prenez sur du papier vne ligne à discretion *ab*, & faites des angles égaux à ceux que vous avez trouvez : *cab* égal à CAB, *dab* égal à DAB, *abc* à ABC, *&c.* & ainsi vous aurez les points *c*, *d*, *e*, *&c.* qui seront dans la mesme disposition que les clochers ou les autres endroits considerables C, D, E, *&c.* Or ayant vne fois ces endroits prin ipaux, tout le reste se peut tracer à veuë d'œil. Pour faire vne operation plus juste, il est bon de prendre les angles encore d'vn troisiéme lieu, & mesme d'vn quatriéme; afin que tout s'accordant, on sçache que l'operation est bien faite.

23. Connoissant deux costez d'vn triangle, &

l'angle d'entre deux, trouver le troisiéme costé & les deux autres angles. . . . .

24. Connoissant les trois costez, connoistre tous les angles. Tout cela se trouve parfaitement en faisant des triangles semblables sur du carton fin.

25. Mesurer l'*Aire* (c'est-à-dire, la grandeur ou la capacité interieure) d'vn triangle donné *a b c*. Du sommet *b* tirez la perpendiculaire *b d* sur la baie *a c* prolongée, s'il en est besoin; divisez *a c* en 10. ou en tant d'autres parties qu'il vous plaira, & voyez combien de ces parties sont contenuës dans *b d*: car en multipliant la moitié de *b d* par 10. vous aurez l'aire du triangle (3.18.) comme si *b d* contient 12. parties de celles dont *a c* en contient 10. il faut multiplier 6. par 10. pour avoir 60. qui est la grandeur du triangle *a b c*; c'est-à-dire que ce triangle contient autant d'espace qu'en contiendroient 60. petits quarrez, dont le costé de chacun seroit la dixiéme partie de *a c*.

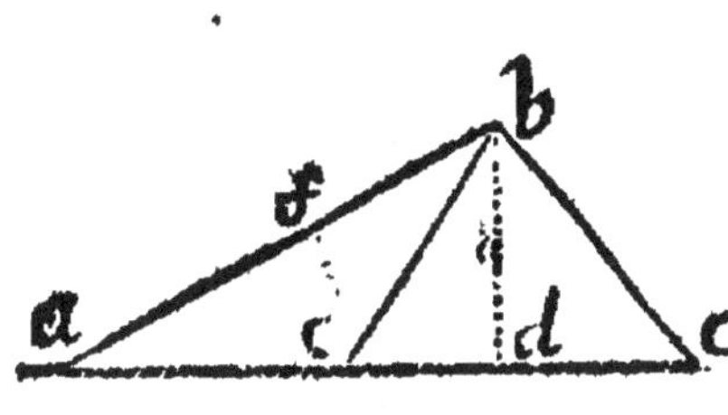

Ayant égard à la pratique, il n'y a point de methode plus facile, ni mesme plus exacte que celle-cy: mais en de certains cas il est bon de sçavoir mesurer ces choses avec vne certaine precision qui ne peut se trouver que par le moyen du calcul. Voicy donc les principes d'où l'on tire tout l'art du calcul.

26. Lorsqu'vn triangle *a b d* est rectangle, & qu'on connoist deux costez, on trouve le troisiéme costé par le calcul en cette maniere. Soit la jambe *b d* de 3. toises, & la jambe *a d* de 4. toises; multipliez 3. par 3. & 4. par 4. pour faire les deux

quarrez 9. & 16. ces deux quarrez joints ensemble seront égaux au quarré de l'hypothenuse *ab*: (6.61.) & par consequent je voy que le quarré de *ab* est 9. plus 16. c'est-à-dire 25. ainsi pour sçavoir la grandeur de *ab*, je n'ay qu'à prendre le costé ou la racine quarrée de 25. qui est 5. d'où je conclus que *ab* est de 5. toises. Si l'hypothenuse *ab* 5. est connuë avec vne jambe *ad* 4. il faut soustraire le quarré 16. du quarré 25. & il restera 9. dont la racine 3. est la grandeur de l'autre jambe *bd*. Quelquefois il arrive que les deux quarrez des jambes joints ensemble ne font pas vn nombre quarré, ou que le quarré d'vne jambe soustrait du quarré de l'hypothenuse ne laisse pas vn nombre quarré : comme si les jambes sont 2. & 3. leurs quarrez seront 4. & 9. qui joints ensemble font 13. Or 13. n'est point nombre quarré, & par consequent n'a point de racine precise : mais neantmoins il y a des nombres, qui en approchent comme ici $3\frac{2}{5}$ est à peu prés la racine de 13. car $3\frac{2}{5}$ multiplié par soy-mesme fait 13. moins $\frac{1}{25}$, ainsi le costé *ab* est de $3\frac{2}{5}$, & d'vn peu davantage.

On ne donne pas la methode d'extraire ces racines quarrées, parce que c'est vne regle d'Arithmetique, de quoy on ne traite pas ici.

27. De là on tire le moyen de calculer les tangentes, les secantes & les sinus de chaque degré ou de chaque minute du cercle. Soit par exemple *ba* le rayon ou sinus total, *ad* la secante de 30. degrez, *bd* la tangente, *ce* le sinus ; il est

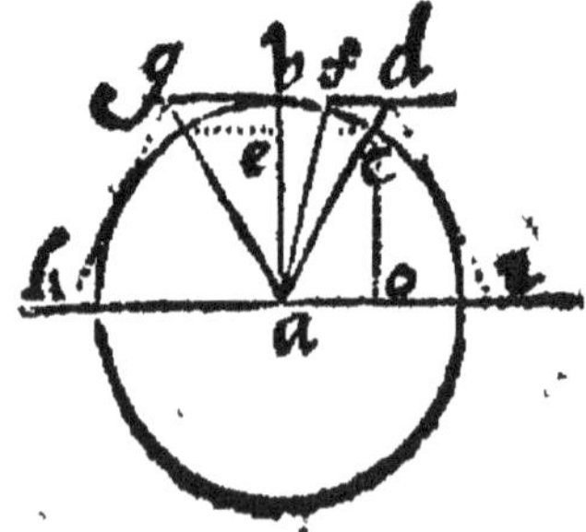

aiſé de voir que *bd* eſt la moitié de *ab* : car en tirant *ag* vn autre ſecante de 30. degrez, le triangle *gad* ſera equilateral : car chacun des angles *g*, *d*, & *gad* ſera de 60. degrez ; ainſi *bd* eſtant la moitié de *dg*, elle ſera auſſi la moitié de *ad*; par meſme raiſon *ce* ſera la moitié de *ac*. Suppoſant donc dans le triangle rectangle *aec*, que l'hypothenuſe *ac* eſt de 2. & la jambe *ec* d'1. & oſtant le quarré 1. du quarré 4. nous aurons 3. égal au quarré du coſté *ae* (qui s'appelle le *Sinus verſe* de l'angle *bac*) égal à *co*. (qui eſt le ſinus de l'arc *ci* de 60. degrez) Mais ſi au lieu de prendre 2. & 1. pour *ac*, & *ce*, nous prenons 1,000,000 & 500,000, le quarré de *ce*, ſçavoir, 250,000,000, 000 oſté du quarré de 1,000,000,000,000, laiſſera 750,000,000,000, dont la racine à peu prés eſt 866,025 pour *ae*, ou de 60. degrez.

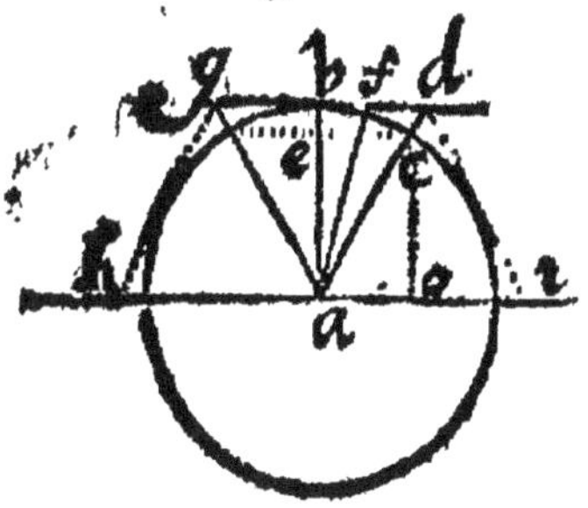

28. Connoiſſant le ſinus d'vn angle quelconque *ce*, on connoiſt le ſinus du *complement* de cét angle *co*. *Le complement* d'vn angle eſt celuy qui reſte pour faire 90. degrez. Par exemple, ayant l'angle *cab* de 30. degrez, ſon complement eſt *cai* de 60. degrez ; car 60. avec 30. font 90. d. Cette propoſition eſt demonſtrée dans la precedente.

29. Connoiſſant *ec* le ſinus d'vn angle, & le ſinus verſe *ae* ; on connoiſt incontinent la tangente *bd*, & la ſecante *ad* : car comme les triangles *aec* & *abd* ſont ſemblables, il s'enſuit que *ae*. *ec* :: *ab*. *bd* :: & *ae*. *ac* :: *ab*. *ad* :: & ainſi par la regle de trois d'arithmetique, on trouve

que l'arc *cb* estant de 30. degrez, la tangente *bd* est de 577,350. & la secante *ad* de 1,154,700.

30. Connoissant le sinus, la tangente & la secante d'vn arc *bc*, on trouve aussi le sinus, la tangente & la secante de la moitié de cét arc : car tirant *af* par le milieu de l'arc *bc*, on aura *df*. *fb* : : *ad*. *ab* : : (6. 72.) & par consequent on trouvera la tangente *bf* de 15. degrez, & ensuite le sinus & la secante des mesmes 15. degrez : aprés quoy encore, partageant derechef en deux l'arc *bf*, on trouvera le sinus, la tangente & la secante de 7. degrez 30'. & puis de 3. d. 45'. & ainsi à l'infini.

31. On trouve le sinus *ce* de 45. degrez, qui est égal au sinus verse *ea* des mesmes 45. degrez, & par consequent on trouve encore la tangente & la secante de 45. degrez aussi-bien que des moitiez 22. degrez 30'. 11. degrez 15'. *&c.*

32. On trouve le sinus de 36. d. parce qu'ayant inscrit vn pentagone regulier dans le cercle, on sçait la proportion qu'a le costé de ce pentagone avec le rayon. (9. 13.) Or ce costé est la corde de 72. degrez, & la moitié de cette corde est le sinus de la moitié de 72. sçavoir de 36. ainsi le sinus de 36. degrez est connu, & par consequent aussi la tangente & la secante aussi-bien que des moitiez 18. degrez, 9. degrez, 4. degrez 30'. 2. d. 15'. *&c.*

33. On connoist le sinus, la tangente & la secante de 12. degrez, & des moitiez 6. degrez, 3. degrez, 1. degré 30'. 45'. *&c.* parce qu'on connoist la corde de 24. degrez, qui est le costé d'vn polygone regulier de 15. costez. (9. 13.)

34. Combinant ainsi toutes ces choses, on aura les sinus, tangentes & secantes des angles 45'. d'1. degré 30'. de 2. degrez 15'. de 3. degrez 45'.

de 4. 30'. ainsi de tous les autres de 45'. en 45'.

35. Pour avoir les sinus de tous les arcs qui sont entre deux de ces arcs ainsi trouvez de 45'. en 45'. il faut faire vne regle de proportion. Par exemple, le sinus de 45'. estant 1308. le sinus de 1'. sera 29. parce que 45. 1' : : 1308. 29. de mesme le sinus de 20'. sera 581. De mesme pour avoir le sinus de 3. degrez 30'. ayant le sinus de 3. degrez 5233. (9. 31.) & puis le sinus de 3. degrez 45'. 6540. (9. 30.) on trouve que ces 45'. qui sont depuis 3. degrez jusques à 3. degrez 45'. portent 1307. d'augmentation de sinus ; car 5233. sinus de 3. degrez ostez de 6540. sinus de 3. degrez 45'. laissent 1307. Voulant donc trouver le sinus de 3. degrez 30'. je dis ainsi, si 45'. qui sont depuis 3. degrez jusqu'à 3. degrez 45'. portent 1307. d'augmentation dans le sinus, combien d'augmentation porteront 30'. qui sont depuis 3. degrez jusqu'à 3. degrez 30'. & je trouve 871. il faut donc ajoûter 871. à 5233. & on aura 6104. pour sinus de 3. degrez 30'. ainsi de tous les autres. Par ce moyen on peut faire des tables où soient les sinus, les tangentes & les secantes de tous les angles de minute en minute depuis 0. jusqu'à 90. degrez.

Remarquez que par cette derniere regle on ne trouve pas à la rigueur le sinus juste, parce que les sinus n'augmentent pas à proportion que les arcs augmentent ; mais ce defaut est ici si petit qu'on ne doit pas se mettre en peine d'une plus exacte precision.

36. Par le moyen de ces tables on calcule les triangles, parce qu'on est assuré que dans tout triangle, les costez sont entre eux comme les sinus des angles opposez ; par exemple, *ab. bc* : : *ai. bh* : car *ai*

& *bh* sont la moitié de *ab*, & de *bc*. Or *ai* est le sinus de l'angle *aei* ou *acb*, qui (4.13.) luy est égal, & de mesme *bh* est le sinus de l'angle *beh* ou *bac*: donc, &c.

37. Et sur ce principe connoissant deux angles & vn costé, ou deux costez & vn angle, on trouve tout le reste en faisant par vne regle de proportion, comme vn costé connu au sinus de l'angle opposé connu; ainsi l'autre costé connu a vn quatriéme nombre, qui sera le sinus de l'angle opposé à cét autre costé. Ou bien si deux angles sont connus avec vn costé, il faut faire comme le sinus d'vn angle connu au costé opposé à ce mesme angle: ainsi le sinus de l'autre angle connu à vn quatriéme nombre, qui sera le costé opposé à cét autre angle, &c.

38. Ces operations sont beaucoup abregées par les logarithmes: car on a eu soin de mettre dans les tables, non seulement les sinus & les tangentes; mais aussi leurs logarithmes qui leur répondent vis-à-vis. De sorte, qu'au lieu des multiplications & des divisions qu'il faudroit faire avec vne peine insupportable, en se servant des sinus & des tangentes, il ne faut que faire des additions ou des soustractions, en employant les logarithmes: comme si dans le triangle A B C, (9.18.) dont le costé A C est connu de 10. toises, l'angle A B C de 10. degrez, l'angle C A B de 20. on demande le costé B C, il faudroit dire comme le sinus de l'angle B, (qui est dans les tables 17364.) au costé A C, (qui est connu de 10. toises: ainsi le sinus de l'angle A (qui est dans les tables 34202.) est au costé qu'on cherche C B. Pour trouver ce quatriéme C B par vne regle de trois, il faudroit multiplier le second terme 10. par le

troisiéme 34202. & diviser le produit 340020. par le premier 17364. ce qui est bien long. Mais si au

Sin. angl. A. 20. d.	9. 5 3 4 0 5 1 7.
A C. 10. toises.	1. 0 0 0 0 0 0 0.
Somme.	10. 5 3 4 0 5 1 7.
Sin. angl. B. 10. d.	9. 2 3 9 6 7 0 2.
reste CB. 19. $\frac{7}{10}$.	1. 2 9 4 3 8 1 5.

lieu de ces nombres nous prenons leurs logarithmes, ajoûtant le logarithme de 20. degrez au logarithme de 10. toises, & de la somme ostant le logarithme de 10. degrez, il reste le logarithme 1. 2941, &c. qui dans la table répond entre 19. & 20. de sorte que le costé CB doit estre de prés de 20. toises.

Les livres qui traitent des sinus & des logarithmes expliquent ceci plus en particulier. Ie croy pourtant en avoir dit autant qu'il en faut sçavoir pour pouvoir trouver de soy-mesme toutes ces choses.

39. Par le moyen des sinus & des tangentes, on peut trouver vne ligne droite qui soit égale à la circonference d'vn cercle à si peu prés que l'on voudra: car prenant douze fois la tangente de 30. degrez qui est *bd*, & les rangeant autour du cercle, en sorte qu'elles soient jointes deux à deux en ligne droite, comme on voit en la figure de 27. où *dg* sont deux tangentes opposées, chacune de 30. degrez, & de mesme *gh*, & *di*, &c. on fera ainsi vn polygone circonscrit de 6. costez,

dont la circonference est plus grande que celle du cercle. (4. 27.) Que si on prend douze fois le sinus *ce*, on fera vn polygone inscrit de 6. costez, dont la circonference est plus petite que celle du cercle. De sorte que donnant au rayon *ab* 1,000,000 *bd*, qui est 577,350 pris douze fois, c'est-à-dire, 6,928,200. est plus grand que la circonference du cercle, & *ec* 500,000 pris douze fois, sçavoir, 6,000,000, & plus petit que la circonference du mesme cercle.

40. Mais si au lieu de prendre douze fois la tangente & le sinus de 30. degrez, l'on prend 360. fois la tangente & le sinus d'vn degré, sçavoir, 17455. & 17452. on fera deux polygones, l'vn circonscrit 6,283,800 plus grand, & l'autre inscrit 6,282,720 plus petit que le cercle.

41. Enfin donnant au rayon 100,000,000,000, & prenant la tangente & le sinus d'vne minute 21600. fois, (car il y a autant de minutes dans vn cercle) on aura 628,318,512,000 plus petit, (car le sinus d'1'. est 29,088,820.) & 628,318,533,600 plus grand. (car la tangente d1'. est 29,088,821.) Que si ces trois nombres du rayon, du polygone circonscrit, & de l'inscrit, sont divisez par 100,000, il restera pour le rayon 1,000,000: & le perimetre du polygone circonscrit sera de 6,283,185 $\frac{336}{1000}$: & le perimetre de l'inscrit sera de 6,283,185 $\frac{12}{100}$. De sorte que ces deux perimetres, dont l'vn est plus grand que la circonference du cercle, & l'autre plus petit, ne different pas neantmoins entre eux d'vne millioniéme partie du rayon. Si l'on vouloit prendre le sinus & la tangente d'vne seconde, on s'approcheroit encore incomparable-

ment davantage de l'égalité entre les deux perimetres du polygone circonscrit & inscrit.

42. Pour la pratique on pose que le diametre est à peu prés à la circonference comme 7. à 22. c'est-à-dire que si le demi-diametre ou le rayon est divisé en 7. la ciconference en contiendra 44. presque : & cela s'accorde assez avec ce qui vient d'estre expliqué. Car 7. 44 : : 100. 628 $\frac{4}{7}$.

43. Trouver l'aire d'vn cercle donné. Si le diametre est partagé en 1000. la circonference sera à peu prés de 6283. ainsi multipliant la moitié de cette circonference 3141. par le rayon 1000. on fait 3141000. pour toute l'aire du cercle : (4. 31.) mais si le demi-diametre est de quelque autre mesure, par exemple, de 9. pouces, il faut faire 1000. 3141 : : 9. 16 $\frac{169}{1000}$, & puis multiplier ce dernier nombre (qui doit estre la demicirconference) par 9. (qui est le demidiametre) & on a 173 $\frac{421}{1000}$ pour l'aire du cercle. Il est plus commode ce me semble, de se servir de cette proportion de 1000. à 3141. que de celle dont on se sert communément de 7. à 22.

44. Pour mesurer la grandeur d'vn parallelipipede ou d'vn cylindre, il faut multiplier sa base par sa hauteur.

45. Pour mesurer vne pyramide ou vn cone, il faut multiplier la troisiéme partie de sa base par sa hauteur.

46. Pour mesurer vne sphere, il faut multiplier la troisiéme partie de sa surface par le demi-diametre, ou bien les deux tiers de son plus grand cercle par son diametre.

FIN.

TABLE DES MOTS EXPLIQUEZ en cette Geometrie.

Le premier chifre signifie le livre, & le second l'article.

O

P

Q

R

S

EXTRAIT DU PRIVILEGE du Roy.

PAR Lettres Patentes du Roy, données à Paris le 18. Juillet 1671. Signées D'ALENOR, & seellées du grand seau de cire jaune : il est permis à Sebastien Mabre-Cramoisy, Imprimeur de sa Majesté, d'imprimer *La Geometrie du P. Pardies*, en tel volume, marge, & caractere qu'il voudra : & ce pendant le temps & espace de dix années ; avec défenses, &c.

www.ingramcontent.com/pod-product-compliance
Lightning Source LLC
Chambersburg PA
CBHW062004200326
41519CB00017B/4671

* 9 7 8 2 0 1 2 6 5 8 5 3 0 *